Inversion Conjointe 3D: étude de la région de Zemmouri (Algerie)

Abdallah Sokhal

Inversion Conjointe 3D: étude de la région de Zemmouri (Algerie)

Inversion Conjointe 3D : Application à l'imagerie géophysique par utilisation des données sismologiques et gravimétrique

Presses Académiques Francophones

Impressum / Mentions légales

Bibliografische Information der Deutschen Nationalbibliothek: Die Deutsche Nationalbibliothek verzeichnet diese Publikation in der Deutschen Nationalbibliografie; detaillierte bibliografische Daten sind im Internet über http://dnb.d-nb.de abrufbar.

Information bibliographique publiée par la Deutsche Nationalbibliothek: La Deutsche Nationalbibliothek inscrit cette publication à la Deutsche Nationalbibliografie; des données bibliographiques détaillées sont disponibles sur internet à l'adresse http://dnb.d-nb.de.

Coverbild / Photo de couverture: www.ingimage.com

Verlag / Editeur:
Presses Académiques Francophones
ist ein Imprint der / est une marque déposée de
OmniScriptum GmbH & Co. KG
Heinrich-Böcking-Str. 6-8, 66121 Saarbrücken, Deutschland / Allemagne
Email: info@presses-academiques.com

Herstellung: siehe letzte Seite /
Impression: voir la dernière page
ISBN: 978-3-8381-7705-2

SOMMAIRE

Avant-propos :

C'est au département de géophysique (USTHB) que j'ai découvert mon intérêt pour les sciences de la terre. Depuis, je n'ai cessé de m'interroger sur l'origine et l'effet des tremblements de terre. Et c'est ensuite à ces nombreuses questions que ma fascination envers la sismologie se transforma vite en passion. Celle-ci me fit découvrir rapidement l'intérêt du travail en équipe. En effet, que ce soit à l'université, au CRAAG ou sur le terrain, j'ai pu apprécier, ô combien, l'apport scientifique ou moral de mes collègues de travail.

Je voudrais exprimer toute ma gratitude au professeur MA. Bounif pour m'avoir permis de réaliser cette étude. Je tiens aussi à le remercier pour ces précieux conseils, nécessaire pour l'aboutissement de ce travail.

J'adresse aussi ma vive sympathie à A. Boudella pour m'avoir soutenu dans les moments difficiles que j'ai traversés ces derniers mois, me guidant de ses conseils et m'encourageant constamment par des discussions approfondies et fructueuses ; celles-ci ont apporté toute la rigueur scientifique nécessaire à la rédaction de ce manuscrit ; et pour avoir corrigé avec minutie plusieurs parties de ce travail.

Je voudrais remercier mes parents et ma sœur de l'attention qu'ils ont eu à mon égard, ils m'ont toujours fait confiance et m'ont donné l'occasion à chaque fois de mener à bien mes études. Que Dieu tout puissant vous garde et vous procure santé, bonheur et longue vie pour que vous demeuriez le flambeau illuminant mon chemin.

Et surtout…merci à toi Amina, toi, ma compagne de route depuis deux années déjà. Toi qui m'a trouvée sur le bord du chemin, qui m'a pris par la main et qui m'a fait marcher à tes côtés…Tout ce chemin, et tu le sais bien que tu t'en défendes, c'est grâce à ton soutien inconditionnel et totalement subjectif que j'ai pu le parcourir. Merci à toi dont la seule préoccupation durant ces deux années n'a été que de me voir heureux. Merci d'avoir donné un sens à ma vie.

Enfin Je dédie tout spécialement ce travail à la mémoire de ma grand-mère, Aucune dédicace ne saurait exprimer tout ce que je ressens pour toi. Je te remercie pour tout l'amour exceptionnel que tu ma portez depuis mon enfance et j'espère que ta bénédiction m'accompagnera toujours. Puisse Dieu tout puissant t'accorder sa clémence, sa miséricorde et t'accueillir dans son saint paradis.

Introduction :

Cette étude concerne l'exploitation des données combinées de sismologie et de gravimétrie acquises sur terrain. Celles de sismologie sont enregistrées durant la période allant du 23 au 30 mai 2003. Allant que celles de gravimétrie ont été acquises durant l'année 2009.

Le travail, présenté ici, se divise en trois parties :

La première concerne l'étude des caractéristiques du choc principal, et de 557 répliques. Celles-ci sont enregistrées sur une période d'une semaine, par un réseau d'intervention composé de stations numériques. Toutes les localisations ont été calculées par le programme Hypo-Inverse.

Pour la deuxième partie, le travail se concentre sur la réalisation d'un levé gravimétrique dans la région d'Alger-Boumerdes-Zemmouri. Il est constitué d'environ 600 points et 60 reprises gravimétriques. Ce travail a été réalisé en respectant une équidistance de 1Km entre les stations de mesures gravimétriques. Une fois toutes les corrections gravimétriques appliquées aux mesures, plusieurs cartes gravimétriques ont été réalisées. Il s'agit, essentiellement de la carte de l'anomalie de Bouguer et des cartes transformées de dérivations et de prolongement à différentes altitudes.

La troisième partie concerne l'application d'une inversion conjointe 3D. On utilise dans ce cas un programme d'inversion conjointe pour l'exploitation de l'anomalie gravimétrique et des temps de trajets sismiques des ondes P.

Partie Géologie :

I. Cadre Géologique :

La région comprise entre Alger et Dellys, qui s'étire sur *100 Km* d'Est en Ouest et s'enfonce sur *30 Km* vers le Sud depuis la mer Méditerranée, appartient aux *Maghrébides*, branche méridionale de la chaine alpine périméditerranienne. Celles-ci s'étale depuis le Détroit de Gibraltar jusqu'en Tunisie orientale *(Durand-Delga et Fontoboté, 1980)*.

Cette région située sur le territoire des Wilayas de Boumerdés, Alger et Tizi-Ouzou qui fut ébranlée le *21 Mai 2003* par un séisme de magnitude *6.2*, selon le *C.R.A.A.G* et de *6.8* selon *l'U.S.G.S* se situe à la marge septentrionale de la plaque africaine de l'Algérie centrale où les déformations de la croûte se manifestent en surface par une morphologie dont la géométrie est structurée en bassins et reliefs.

Cette région est formée de quatre structures géomorphologiques de directions générales E-W, délimitées par des flexures et/ou des accidents tectoniques de direction E-W à ENE *(Fig.1)*.

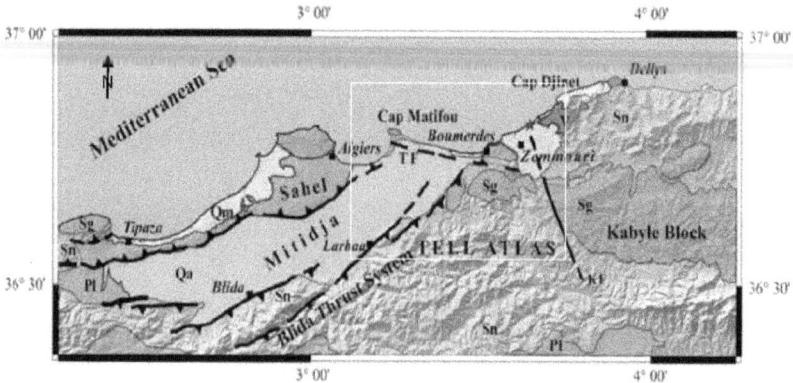

Fig.1 : *Localisation de la région d'étude (délimitée par le rectangle) (Extrait de la carte géologique et tectonique du nord de l'Algérie [Meghraoui, 1988] L'astéries rouge est l'épicentre du séisme de Zemmouri 21 Mai 2003 [Bounif et al., 2004]; Qm: terrasses marines Quaternaires; Qa: dépôts alluviaux Quaternaires; Pl: unités sédimentaires Néogènes; V: Ensembles volcaniques Néogènes; Sn: Nappes de flysch et calcaire (Cénozoïque et Mésozoïque); Sg: socle granitique Paléozoïque; lignes avec triangles noires: failles de compression actives ; lignes simples : faille pré quaternaire.*

Du Nord au Sud, on distingue successivement les massifs anciens, le bombement du Sahel, le bassin de la Mitidja et les monts Blidéens :

- o Les massifs anciens cristallophylliens ont subi une déformation syn-métamorphique et sont structurés en nappes de socle, d'âge très controversé *(Saadallah, 1981, 1992 ; Mahdjoub, 1981, 1991 ; Monié et al., 1988)*.

- o Le bombement du Sahel de direction EW qui forme un anticlinal d'aspect *''flexure-horst'' (Glangeaud, 1995)* et est constitué de dépôts récents d'âge Mio-Plio-Quaternaire.

- o Le bassin de la Mitidja qui forme un grand synclinal à fond plat délimité par des flexures et des accidents tectoniques EW à ENE-WSW. Il est constitué aussi de dépôts d'âge Moi-Plio-Quaternaire.

- o Le massif Blidéen qui est formé par des terrains Méso-Cénozoïques organisés en nappes de charriages et affectés par une schistosité.

II. Eléments De Géologie Régionale :

La cartographie détaillée de la région montre des dépôts sédimentaires Moi-Plio-Quaternaires dans le bassin de la Mitidja et le Sahel d'Alger, avec des pointements de socle cristallophyllien visibles entre Alger et Zemmouri *(Fig.2)*.

La limite entre ces massifs anciens et les structures du Sahel et de la Mitidja est marquée souvent par des failles.

Depuis les terrains les plus anciens aux plus récents, on distingue :

- • Les massifs métamorphiques *(Alger, Tamentefoust, Thénia)* d'âge très controversé depuis l'anté-Cambien ?, Hercynien à l'Alpine selon plusieurs auteurs *(Saadallah, 1981, 1992 ; Mahdjoub, 1981, 1991 ; Monié et al., 1988)*, sont constitués par des gneiss, des micaschistes, des marbres, des schistes satinés et des porphyroïdes; ces formations sont injectées de granites et de roches volcaniques d'âge Alpin.

- • Le massif Blidéen structuré en nappes de charriage de type telliennes avec un soubassement schistosé *(équivalent des massifs à schistosité de Bou Maad-Cheliff (Kireche, 1993))* est caractérisé par des schistes argilo-siliceux surmonté par des schistes argileux, les grés et les quartzites du Néocomien *(Crétacé)*, au-dessus desquelles se sont mises en place les argiles compactes et laminées de l'Albien, les calcaires et marnes du Cénomanien et des calcaires jaunes du Sénonien (*Glangeaud, 1932 ; Blés, 1972 ; Biardeau, 1984*).

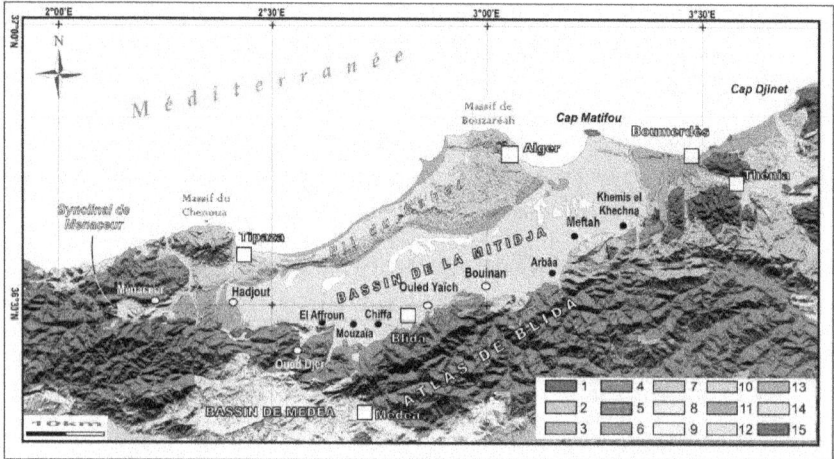

Fig.2 : *Carte morpho géologique du bassin de la Mitidja et ses environs [Guemache, 2010] [données topographiques SRTM-3 et carte géologique d'Algérie au 1/500'000]. 1 : Terrains métamorphiques; 2 : Socle primaire; 3 : Trias; 4 : Jurassique; 5 : Crétacé; 6 : Eocène; 7 : Oligocène; 8 : Miocène anté-nappes; 9 : Miocène post-nappes; 10 : Pliocène; 11 : Villafranchien; 12 : Calabrien; 13 : Quaternaire marin; 14 : Quaternaire continental; 15 : Magmatisme indifférencié.*

- Le bassin de la Mitidja et le bombement du Sahel sont constitués de formations sédimentaires meubles d'âge Moi-Plio-Quaternaire *(Fig.2)*. Les formations marno-gréso-conglomératiques du Miocène reposent généralement sur les formations antérieures métamorphiques et volcaniques.

- Le Miocène qui affleure dans l'algérois est caractérisé par des dépôts à faciès argileux et gréseux à la base et par des faciès argileux ou marneux, marno-calcaire et des grés au sommet.

- Le Pliocène qui occupe toute la ride anticlinale du Sahel est constitué par :

✓ Le Pliocène inférieur caractérisé par des marnes et des argiles datées Plaisancien inferieur.

✓ Le Pliocène supérieur représenté par des faciès argileux, argilo-sableux, gréseux, calcaires ou calcaréo-gréseux et des calcaires à lithothamniées, qui sont le plus souvent construits selon le type molassique *(Plaisancien supérieur).*

- Le Quaternaire est formé essentiellement par des terrasses constituées de sable, argiles sableuses et de graviers.

- Le magmatisme connu dans cette région, lié à la phase distensive du Miocène, est représenté généralement par des rhyolites, andésites, des basaltes et des granites qu'on rencontre dans les régions de Thénia et de Hadjeret En Nous *(Cherchell).*

III. <u>Cadre Sismotectonique Et L'Etat De L'Art Sur Les Failles Actives De La Région D'Alger-Boumerdes :</u>

1. <u>Cadre Géodynamique Régional Et Tectonique Active :</u>

La chaine tellienne *(Atlas tellien)* constitue le segment orogénique périméditerranéen de la ceinture active alpine himalayenne qui s'étend du Sud-Ouest asiatique à l'océan Atlantique *(McKenzie, 1972).*

Dans la région méditerranéenne, cette ceinture est caractérisée par la convergence des plaques tectoniques africaine et eurasienne.

Les travaux récents basés sur des analyses des mécanismes au foyer des séismes fort *(Udias & Buforn, 1988; Argus et al., 1989),* sur les études néotectoniques *(Philip et Thomas, 1977 ; Meghraoui, 1982, Meghraoui et al., 1986)* ainsi que sur les méthodes récentes basées sur des techniques spatiales telles que le *GPS (Global Position System)*, *VLBI (Very Long Baseline Interferometry)* et le *SLR (Satellite Laser Ranging)* montre que la direction du raccourcissement est NNW-SSE.

Le taux de rapprochement entre les plaques africaine et eurasienne est d'environ *4-6 mm/an (Anderson et Jackson, 1987 ; De Mets et al., 1990) (Fig.3).*

11

Ce contexte géodynamique régional a engendré dans le Nord de l'Algerie un ensemble de structures tectoniques *(plis, failles, pli-failles)* de direction générale perpendiculaire à la direction de convergence des plaques tectoniques ainsi qu'une activité sismique relativement élevée.

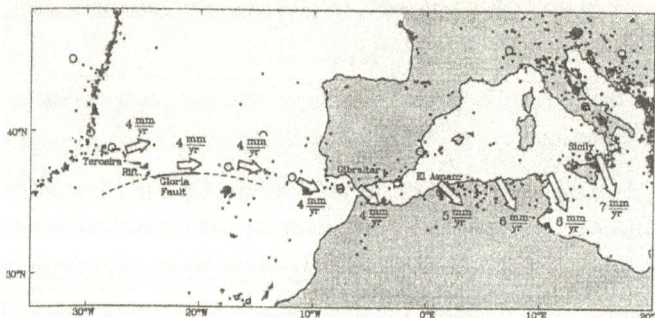

Fig.3 : *Mouvement entre les plaques Afrique et Europe obtenu à partir du model global «Nuvel 1» (Argus et al., 1991). La vitesse du raccourcissement entre les deux plaques est estimée entre 5 et 6 mm/an dans la région d'Alger.*

Les études structurales, néotectoniques et sismotectoniques montrent que les bassins néogènes de Chéliff, de la Mitidja du Hodna et de la Soummam sont le siège d'une activité tectonique récente *(Guiraud, 1977 ; Thomas, 1985 ; Meghraoui, 1988 ; Belhai, 1996 ; Boudiaf, 1996 ; Bouhadad et al., 2003)*. La phase de compression actuelle, responsable de la sismicité qui est bien décrite dans la région du Chellif *(Mahdjoub et al., 1981 ; Meghraoui, 1982 ; Meghraoui et al., 1986)* aurait débuté au Tortonien *(Thomas, 1985 ; Belhai, 1996)*.

Les nombreuses études qui ont suivi le séisme d'El-Asnam du *10 octobre 1980 (W.C.C., 1984 ; Yielding et al., 1989 ; Meghraoui, 1991 ; Meghraoui et al., 1996 ; Boudiaf, 1996 ; Bouhadad, 2001)* montrent que les principales failles actives sont des failles inverses généralement associées à des plis dissymétriques présentant un pendage qui varie de *40°* à *60°* et où l'épaisseur de la croute sismogénique varie de *10 à 18 Km*.

La zone algéroise fait partie du Tell septentrional où l'on trouve la superposition des zones internes et des zones et des zones externes appelé Maghrébides. Dans cet édifice structuré au cours des phases alpines éocène et miocène inférieur se sont ouvert indifféremment des bassins post nappes d'âge néogène contemporain de la Méditerranée.

Celle-ci commença à se refermer à partir du Tortonien *(10 à 8 Ma)*. Depuis cette époque, les contraintes accumulées par les déplacements relatifs des plaques lithosphériques africaines vers le nord-ouest et européenne vers le sud-est, ont commencé à être absorbées par des plissements de grands rayons de courbure orientés Est-Ouest à ENE-WSW et des failles.

A l'échelle cartographique ces failles pour la plus part sont hérités de phases antérieures *(hercynienne, éoalpine et alpine)*. Elles montrent selon leur direction des chevauchements vers le nord ou vers le sud accommodés par un réseau conjugué de décrochement NE sénestre et NW dextre.

2. Failles Actives De La Région Algéroise :

Les investigations de sismotectonique et de l'aléa sismique de la région d'Alger, malgré son importance stratégique, n'ont véritablement, commencé qu'après le séisme d'El Asnam de *1980*.

Des recherches minutieuses dans les archives et documents à travers les bibliothèques, notamment européenne, ont permis de retrouver des informations sur des séismes destructeurs qui ont affecté la capitale *(Ambrasyes et Vogt, 1988)*, notamment, les deux séismes majeurs de *1365* et de *1716*. Le premier aurait engendré des tsunamis qui ont inondées les parties basses de la ville d'Alger et le second, aurait causé *20.000* morts *(CRAAG, 1994)*. *Meghraoui (1988)*, fort des enseignements tirés du séisme d'El Asnam, a identifié, certaines failles majeurs possibles sources de ces séismes.

Depuis, les études et recherches visant à évaluer l'aléa sismique de la région n'ont pratiquement pas cessé, menés aussi bien par des chercheurs universitaires que par des organismes de recherche notamment le *Centre National de Recherche Appliquée en Génie Parasismique (CGS)*.

En effet depuis sa création en *1987*, *le CGS* a entrepris des études visant l'évaluation de l'aléa sismique pour la région d'Alger *(Yantchevski et al., 1993 ; Swan, 1988)*.

Les failles actives identifiées dans la région d'Alger-Boumerdes sont *(Fig.4)* :

a. La Faille Du Sahel :

Le séisme d'El-Asnam du *10 octobre 1980* a permis de bien comprendre la géomorphologie des structures actives en zones en compression. En effet, ce séisme a été produit par un pli dissymétrique faillé dans son flanc SE. Par analogie morphologique, deux structures géologiques au moins peuvent être comparées à celle d'El-Asnam *(Meghraoui, 1988)*, il s'agit du pli-faille de Murdjadjo *(Oranie)* et du pli-faille du Sahel *(Algérois)* ; ces observations sont appuyées par la sismicité relativement importante de ces deux régions. Mais l'absence de trace de faille en surface posait un problème aux géologues.

Il aura fallu le séisme de Coalingua *(USA)* en 1983, de magnitude $M_s=6.5$, pour qu'une nouvelle notion vienne s'ajouter au glossaire de la tectonique active ; il s'agit de la faille masquée ou faille *"aveugle"* littéralement de l'anglais *"Blind Fault" (Stein, 1984)*.

Le séisme du Chenoua du 29 octobre 1989 de magnitude $M_s=6.0$ est considéré comme le résultat de la réactivation d'un segment de cette faille majeure, masquée du Sahel, longue d'environ 80 Km allant de Cheraga jusqu'à Tipaza *(Meghraoui, 1991)*. Néanmoins, l'essaim des répliques et d'autre observations montrent que la faille du Chenoua a une forme en ''L''. D'abord NE-SW à l'endroit ou *Meghraoui (1991)* a décrit des ruptures de surface, puis change de direction pour devenir subméridienne en mer *(Boudiaf, 1996 ; Belhai, 1987)*.

Cependant, ce genre de failles masquées posant un vrai problème dans les analyses de l'aléa sismique, le CGS a entrepris l'excavation de tranchés de recherche avec la collaboration du docteur *J.F Swan (Geomtrics-USA)* en *1993* pour mieux caractériser la faille.

Ces derniers n'ont rien confirmé. Cependant, la faille a pu être identifiée, du côté de Mahelma sur un *MNT au 1/25000 (Boudiaf, 1996)*. En outre les principaux arguments en faveur de l'activité de cette faille sont :

Le soulèvement et le pendage de terrasses marines d'âge quaternaire sur le flanc nord de l'anticlinal du Sahel qui sont bien visible dans la région de Tipaza *(Boudiaf, 1996)*, la diversion du réseau hydrographique, notamment l'oued Mazaafran , des déformations géologiques, notamment, des pendages fort dans les alluvions quaternaires de la région de Attaba et enfin la sismicité.

La faille du Sahel, fort heureusement segmentée entre Cheraga et Tipaza est composée de six segments. Les derniers travaux *(Meghraoui, 2003)* à ce sujet suggèrent que cette faille est encore plus importante et qu'elle se continuerait du côté d'El Harrach pour s'étendre au large de Boumerdes-Dellys.

b. La Faille De Thénia :

La faille de Thénia s'étend des Issers jusqu'à Bordj El Bahri à l'Ouest. Au niveau du massif granodioritique de Thénia elle est facile à cartographier avec une direction *N120*. En plus des données de la sismicité, des observations géomorphologiques *(Boudiaf, 1996)* montrent des évidences géomorphologiques de l'activité de cette faille. Il s'agit d'un décrochement dextre qui évoluerait en faille inverse du coté de Oued Isser.

c. La Faille Sud De La Mitidja :

La bordure sud de la Mitidja montre des indices de la tectonique récente impliquant des dépôts quaternaires *(Boudiaf et al., 1993)*. Des accidents à vergence nord sont décrits dans la région de Menaceur, de Hadjout et Blida. L'analyse géomorphologique du bassin de la Mitidja suggère que cette faille sud de la Mitidja, serait équivalente de la faille du Sahel.

Elle se continuerait jusqu'à Boudouaou et même jusqu'au large de Boumerdes et Dellys *(Meghraoui, 2003)*.

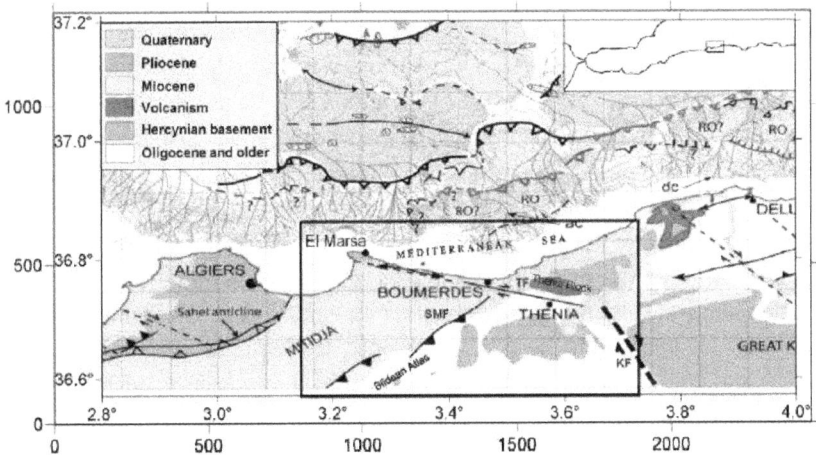

Fig.4 *: Carte morpho tectonique et géologique (Boudiaf et al. 1998 ; Ayadi et al. 2003) modifiée par (Dévréchere et al.2005) montrant la zone d'étude*

(délimitée par le rectangle).TF faille de Thénia, SMF faille sud de Mitidja, KF faille de Kabylie. L'encart montre la localisation de la figure.

d. Les Failles Supposées En Mer :

Bien qu'il n'y ait pas eu d'études véritablement sismotectoniques dans la marge algérienne, un certain nombre d'indices plaident en faveur de l'existence de failles potentiellement actives. Le bureau d'étude américain qui a réalisé l'étude de l'aléa sismique de la région de Chlef *(WCC, 1984)* a défini dans le modèle de sources sismiques de la région de Chlef une faille inverse, miroir de celle qui se trouve sur le continent sur la base d'observations géologiques et sismologiques au large de Ténes. En effet plusieurs épicentres de séismes important sont localisés en mer.

Les séismes de Chenoua *(1989)*, d'Ain Bénian *(1996)* et de Boumerdes *(2003)* constituent des preuves directes de présence de faille actives en mer, mais aussi, on trouve dans la littérature que le séisme d'Alger de *1365* a engendré des Tsunamis qui ont inondé les parties basses de la ville d'Alger, suggérant que la source sismique était en mer. Il reste donc un grand effort de recherche dans l'identification des failles sous-marines qui menaceraient la capitale et ses environs.

e. Les Autres Failles Probables :

Outre les failles actives suscitées sur lesquelles il y'a unanimité dans la communauté scientifique, certains travaux préliminaires ont suggéré la présence probable d'autre failles actives. Des évidences d'autres failles actives ont été présentées par *Saadallah (1984)* dans la région des Bains romains. *Slemmons (1984)* aurait observé un déplacement affectant les dépôts quaternaires dans la même région. Néanmoins, ces résultats préliminaires n'ont pas été repris par des travaux plus récents réalisés dans la région *(Meghraoui, 1988 ; Boudiaf, 1996 ; Swan 1998)*. Il en est de même pour la faille de l'Agha, et celle de Bouzarea, qui sépareraient le massif cristallin des dépôts néogènes. En outre, dans le massif d'Alger, socle métamorphique avec des faciès épi à catazonaux, on observe des structures des toutes échelles à vergence nord. Ce socle est débité en plusieurs unités, qui sont séparées par des failles ductiles à vergence Nord à NNW ou NNE *(Saadallah, 1981)*.

Certaines de ces failles ont rejoué tardivement, y compris pendant les périodes quaternaires. De telles failles sont susceptibles de générer des séismes si leurs activité est avérée. Elles sont enracinées dans les parties les plus profondes du socle et constitueraient des failles crustales qui pourraient s'avérer potentiellement sismiques.

Partie Sismologie :

Acquisition et traitement des données sismologiques

I. Réseau Sismologique Local :

Afin de suivre l'activité immédiate des répliques du séisme de Zemmouri, deux réseaux d'interventions mis en place par le *CGS* et le *CRAAG* composé de *15* stations sismologiques portables ont été installé dans la région épicentrale entre Alger et Dellys, deux jours seulement après la secousse principale. Sa géométrie a été guidée par l'évolution des répliques pendant la première semaine.

I.1 Description De L'Appareillage Utilisé :

Le réseau local est constitué d'un total de *15* stations sismologiques portables. Parmi lesquelles, il y'a *8* stations de type *KINEMETRICS (K2)* **(Fig.5)** qui sont à enregistrements numérique (discontinu) et sur lesquelles les trois composantes verticale et horizontales du mouvement sont inscrites. Les *7* autres stations, de même type sont des *GEOTRASS*. Chaque station est équipée essentiellement d'un sismomètre tri composantes [une verticale et deux horizontales] de type *LE-3DLITT* de *LENNARTZ* de fréquence propre égale à *1Hz*. Les stations sismologiques sont synchronisées au temps universel par liaison *GPS (Global Positioning System)* qui fournit une base de temps et la position X, Y et Z de la station.

Fig.5: *Station sismologique à enregistrement numérique de type KINEMETRICS (K2)*

I.2   Choix De Sites Et Disposition Des Stations Sismologiques :

Le choix de l'emplacement des stations est déterminé par la nature géologique du site ainsi que par l'environnement naturel et humain. De préférence, la station est posée sur du sol dur (terrain rocheux) en évitant les sols mous, les routes, les zones industrielles, les régions boisées, le ruissellement des eaux, les carrières en activités, etc…

L'emplacement précis des stations a été guidé par l'évolution des répliques pendant la première semaine, l'existence des quelques traces de surface et où le maximum d'intensité macrosismique *(M.S.K)* a été constaté.

Le réseau sismologique d'intervention *(Fig.6)* a couvert durant une semaine après le choc principal la zone épicentrale sur un rayon de *50 Km*. Les distances épicentrales sont en général inférieures à 20 Km pour les 15 stations.

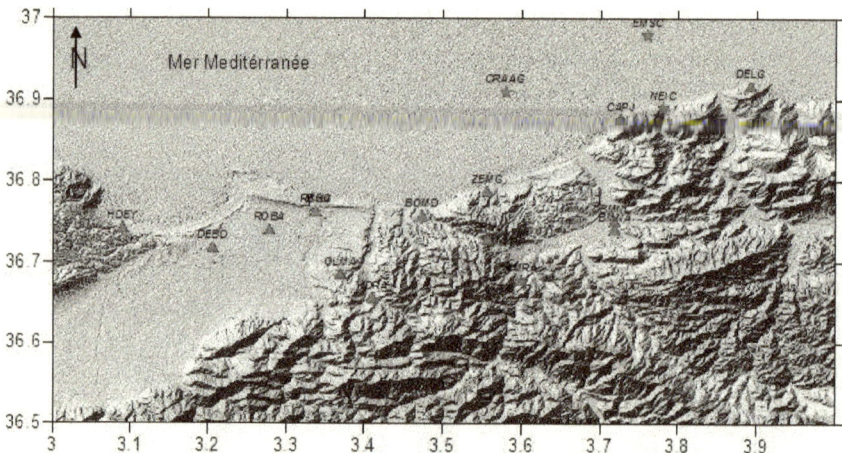

Fig.6 : Position géographique des stations sismologiques du réseau local (les stations sont indiquées par des triangles et par leur code) qui a fonctionné du 25.05.2003 au 31.05.2003. Les étoiles indiquent l'épicentre du choc principal donné par le CRAAG, NEIC et EMSC.

Ceci avait pour but de resserrer au maximum le réseau afin d'avoir les stations le plus proche possible autour et à l'aplomb des foyers sismiques. Cette disposition permet d'avoir une meilleure précision sur la détermination des hypocentres et leur mécanisme au foyer.

Les stations sont repérées par leurs coordonnées géographiques *(Tab.1)* et reportées sur la *(Fig.6)* où l'en voit le point du choc principal, ce qui nous donne une idée de l'encadrement de la zone épicentral. Cette distribution des stations a une importance prépondérante sur la précision des déterminations. Cependant l'épicentre n'est correctement déterminé que si les stations l'entourent convenablement.

Nous pouvons tirer deux règles fondamentales utiles lors de l'implantation du réseau de stations :

✓ Le réseau doit entourer au mieux la zone épicentrale.

✓ Une grande variété de distances épicentrales doit exister pour définir la profondeur des foyers.

N°	Code Station	Nom de la Station	Coordonnées		Altitude (Km)
			Latitude	Longitude	
1	AMRA		36°40'.53N	3°36'.00E	0.156
2	BMNL		36°44'.90N	3°43'.10E	0.066
3	BOMD	Boumerdes	36°45'.36N	3°28'.38E	0.094
4	CAPJ	Cap Djenet	36°52'.53N	3°43'.56E	0.100
5	DEBD	Dar El Baida	36°42'.96N	3°12'.58E	0.048
6	HDEY	Hussein Dey	36°44'.40N	3°05'.40E	0.079
7	KDRA		36°39'.26N	3°24'.60E	0.123
8	ROBA	Rouïba	36°44'.27N	3°16'.71E	0.055
9	BMNA		36°44'.32N	3°43'.10E	0.109

10	OLMA		36°41'.02N	3°22'.17E	0.171
11	RGHA	Reghaia	36°45'.62N	3°20'.25E	0.010
12	THNA	Thénia	36°43'.55N	3°33'.42E	0.199
13	DELG	Dellys	36°54'.97N	3°53'.51E	0.127
14	ZEMG	Zemmouri	36°47'.16N	3°33'.34E	0.028
15	REGG	Reghaia	36°45'.63N	3°20'.25E	0.069

Tab.1 : Stations sismologiques ayant fonctionnées du 25.05.2003 au 31.05.2003

II. Traitement Des Données:

II.1 Dépouillement Des Enregistrements Au Laboratoire :

Pour une étude approfondie des répliques enregistrées pendant la période du 25 au *31.05.2003*, un dépouillement plus fin a été effectué, par jour et par station, il consiste en:

✓ Une lecture des temps d'arrivée de la phase P avec une précision de lecture de *0.02 s* à *0.03 s*.

✓ Une correction des temps d'arrivée.

✓ Une lecture du sens du premier mouvement.

✓ Une mesure de la longueur du signal.

✓ Un classement des évènements dans l'ordre chronologique.

Exemple de dépouillement d'un enregistrement en une station sismologique (KDRA) :

Dépouillement	KDRA	IPU0	03	05	25	00	10	33.63	48
Signification	*1*	*2345*	*6*	*7*	*8*	*9*	*10*	*11*	*12*

1 : Code de la station.

2 :

- I : Début net du sens du premier mouvement.

- E : Début douteux du sens du premier mouvement.

3 : P : Phase initiale (P : primaire)

4 :

- U : (up) compression (sens du premier mouvement vers le haut).

- D: (down) dilatation (sens du premier mouvement vers le bas).

- Vide : début incertain.

5 : Poids attribué à l'arrivé du signal pointé de 0 (début net) a 4 (début invisible).

6 : Année.

7 : Mois.

8 : Jour.

9 : Heure.

10 : Minute.

11 : Seconde, dixième de seconde et centième de seconde.

12 : Longueur du signal en seconde.

Tous les enregistrements obtenus sont de types numériques et sont traités au laboratoire à l'aide des programmes appropriés. La banque de données mise en place est compatible au format d'entrée du programme de localisation *HYPO INVERSE [Klein, 1978]*. La précision de lecture de ces données est de *0.02 s* à *0.03 s* pour les ondes P.

II.2   Détermination Des Foyers :

La détermination des foyers, c'est-à-dire des quatre paramètres X, Y, Z et T_0 (respectivement : longitude, latitude, profondeur du foyer et le temps origine) est un problème fondamentale dans l'étude des séismes.

En effet d'une bonne localisation des foyers dépendra la réussite d'autres études telles que celles du mécanisme focal ou bien des applications à la tectonique.

Une précision de quelques centaines de mètres sur les coordonnées géographiques est requise. L'obtention d'une telle précision nécessite le respect de quatre conditions :

✓ La mise en œuvre d'un bon programme de détermination c'est-à-dire d'une bonne technique de calcul.

✓ Une bonne connaissance de la loi de vitesse c'est-à-dire une estimation du modèle de croute aussi proche que possible de la réalité.

✓ Une répartition judicieuse des stations sismologiques sur la zone épicentrale.

✓ Finalement de bonnes données en nombre suffisant pour chaque séisme.

II.2.1 Programme De Détermination :

Le programme utilisé pour la localisation des séismes, *HYPO INVERSE [Klein, 1978]* qui dérive de *HYPO 71*, procède par itération et s'applique à des modèles à structures stratifiées. Il est conçu pour des régions à sismicité superficielle, ce qui s'adapte parfaitement à notre étude. Une version DOS de ce programme a été utilisée sur PC.

A. Exécution Du Programme :

Pour l'exécution du programme nous devons disposer d'un fichier *TEST* (qui contient les coefficients de la formule de magnitude, la profondeur de départ, le nombre maximum d'itérations, etc…), du modèle de structure *(Fig.7)*, de l'emplacement des stations sismologiques *(Fig.8)* et du temps d'arrivées aux différentes stations des ondes P *(Fig.9)*.

Cette exécution se fait par processus itératif contrôlé par des paramètres qui associent un poids à chaque temps d'arrivée, après chaque itération. Ce poids est calculé en tenant compte de la distance épicentrale et du résidu.

L'arrêt de l'exécution du programme se produit pour l'une des conditions suivantes :

- ✓ Le nombre d'itérations effectuées est égal à la limite fixée initialement.

- ✓ Le résidu moyen pour un séisme devient plus petit qu'un résidu fixé à l'avance, en passant d'une itération à une autre.

- ✓ L'ajustement de l'hypocentre se fait avec une longueur inférieure à une valeur initialement fixée.

```
4.5  00.00
5.0  03.00
5.5  12.00
7.0  20.00
8.0  30.00
```

Fig.7: Le modèle de vitesse utilisé

Légende de la Fig.7:

La première colonne correspond à des vitesses

La deuxième colonne correspond aux profondeurs

```
CNTR136 45.00n  3 25.00e
 AMR136 40.53n  3 36.00e 156    1
 BML136 44.90n  3 43.10e  66    1
 BOM136 45.36n  3 28.38e  94    1
 CAP136 52.53n  3 43.56e 100    1
 DEB136 42.96n  3 12.38e  48    1
 HDE136 44.40n  3 05.40e  79    1
 KDR136 39.26n  3 24.60e 123    1
 ROB136 44.27n  3 16.71e  55    1
 BMA136 44.32n  3 43.10e 109    1
 OLM136 41.02n  3 22.17e 171    1
 RGH136 45.62n  3 20.25e  10    1
 THN136 43.55n  3 33.42e 199    1
 DEL136 54.97n  3 53.51e 127    1
 ZEM136 47.16n  3 33.34e  28    1
 REG136 45.63n  3 20.25e  69    1
```

Fig.8 : Emplacement des stations sismologiques

Légende de la Fig.8:

1ère ligne : Station centrale avec comme coordonnées

Lat. (degré et min.) – long. (degré et min.)

2ème ligne : Station du réseau sismologique local

Lat. (degré et min.) – long. (degré et min.)

ELEV. (altitude en mètre)

Modèle de vitesse utilisé

(Lat. : Latitude, Long. : Longitude, ELEV. : Elévation)

```
THNIPU0 030526001222.56
OLMIPU0 030526001224.00
BMAIPU0 030526001224.12
BOMIPU0 030526001222.45
AMRIPD0 030526001223.26
KDRIPD0 030526001224.30
```

Fig.9 : Temps d'arrivée des ondes P

B. Résultat Obtenue à La Sortie Du Programme :

Le fichier résultat (*Fig.10*), obtenue après l'exécution du programme fournit d'une part les coordonnées géographiques de l'épicentre, la profondeur du foyer et le temps origine et d'autre part les paramètres liés à la précision des localisations et la couverture azimutale. Ainsi le résidu quadratique moyen sur l'ensemble des stations *(RMS, en sec)*, des erreurs standard sur la position de l'épicentre *(ERH, en km)* et sur la profondeur du foyer *(ERZ, en km)* et la non-couverture azimutale *(GAP, en degré)* sont calculés.

```
---------------------------------------------------------------
 YR MO DA    ORIGIN    LAT N    LON W   DEPTH  RMS    ERH   ERZ GAP XMAG FMAG
 3- 5-29  538 22.07 36 42.59   3 24.71  7.67   .07    .82  1.32 151

 RMSWT DMIN ITR NFM NWR NwS REMK
  .07  4.8   7   5   6   0

 STA DIST AZM  AN P/S W   SEC+CCOR (TOBS -TCAL -DLY  =RES) WT  XMG FMG R INFO
 OLM  4.8 127 146 IPD    23.94  .00  1.87  1.91  .00  -.04 1.04          .000
 RGH  8.7  49 129 EP  1  24.46  .00  2.39  2.40  .00  -.01  .78          .000
 REG  8.7  49 129 IPD    24.46  .00  2.39  2.41  .00  -.02 1.04          .000
 THN 13.1 278 117 IPD    25.34  .00  3.27  3.17  .00   .10 1.04          .000
 DEB 18.3  87 109 IPU    26.24  .00  4.17  4.12  .00   .05 1.04          .000
 BMA 27.6 279 101 IPD    27.88  .00  5.81  5.92  .00  -.11 1.04          .000
```

Fig.10 : Exemple de sortie du programme HYPO INVERSE

Légende de la Fig.10:

En première ligne sont données : la date (YR MO DA), l'heure origine du séisme (ORIGIN), les coordonnées de l'épicentre en degré et minute (LAT-N, LON-E), la profondeur (DEPTH) en kilomètres, le résidu quadratique moyen (RMS) en seconde, les erreurs standard sur la position de l'épicentre (ERH) et

la profondeur du foyer (ERZ) en km ainsi que la non-couverture azimutale
(GAP) en degré. En deuxième ligne sont données :

✓ *DMIN : La distance épicentrale minimale.*

✓ *ITR : Le nombre d'itérations pour atteindre la convergence*

✓ *NWR : Le nombre de phases P utilisées dans les calculs.*

II.2.1.1 Choix du Modèle de Vitesse :

Le programme *HYPO INVERSE* utilisé fonctionne avec un modèle à couches planes, horizontales de vitesses constantes. Ce modèle ne présente pas réellement la structure en vitesse très complexe de la région.

A. Problèmes Liés à La Structure En Profondeur :

De nombreuses difficultés sont rencontrées dans la recherche d'un bon modèle de structure, étant donné la géologie complexe de la région. Ainsi des approximations doivent généralement être adoptées. Par exemple, les difficultés induites par les hétérogénéités latérales, c'est-à-dire lorsque le milieu n'est pas en réalité composé de strates horizontales ou celles relatives aux inhomogénéités au voisinage immédiat des stations, sont souvent irréductibles. Pour pallier à ces difficultés nous utilisons un modèle moyen à couches horizontales.

B. Recherche D'un Modèle de Vitesse :

La recherche d'un modèle de vitesse est grandement simplifiée s'il existe pour la région étudiée des investigations de sismologie expérimentale. La recherche du modèle se fera donc à partir des séismes enregistrés par le réseau. Pour cela, N séismes répartis sur l'ensemble de la région, ont été testés sur plusieurs modèles de vitesse choisis volontairement. Ces tests ont consisté à déterminer un modèle de vitesse moyen pour lequel le résidu moyen *RMS* et les erreurs standard sur la position de l'épicentre *ERH* et la profondeur du foyer *ERZ* qui sont liés directement au modèle de vitesse utilisé sont minimums. Ces paramètres dépendent également de la position du foyer.

Ainsi le choix de ce modèle a été fait en en tenant compte des *RMS*, *ERH* et *ERZ* moyennés pour chaque modèle sur l'ensemble des N séismes utilisés.

Pour cette étude nous avons testé et utilisé le modèle de vitesse d'Ouyed *(1981), Bezzeghoud et al. (1994)* et *Bounif et al. (2004).*

II.2.1.2   Précision Des Localisations :

La fiabilité des données numériques, utilisées pour l'interprétation du phénomène physique, impose la connaissance des erreurs estimées. Afin d'estimer l'incertitude sur la détermination du foyer, il est important de signaler ces différentes erreurs. Elles sont essentiellement dues à la lecture des enregistrements, l'influence du modèle de vitesse utilisé et la précision due au programme de calcul.

A. Erreurs Dues Au modèle De Vitesse :

L'estimation des erreurs produites par le modèle de vitesse choisi s'avère délicate.

B. Erreurs Dues Au Programme De Calcul :

L'erreur standard sur la position de l'épicentre *(ERH)* et la profondeur du foyer *(ERZ)* est calculée par le programme pour chaque séisme en tenant compte du réseau moyen, du nombre et de la distribution des stations sismologiques. Cette erreur ne peut être évaluée facilement. Par conséquent, nous donnons une statistique des paramètres *RMS, ERH, ERZ* et le nombre de stations ayant servi à la localisation de 557 repliques.

⁜ Distribution Des RMS :

Tous les *RMS* obtenus sont inférieurs à *0.40 s* et plus de *97%* des séismes localisés dans cette étude ont un résidu moyen inférieur à *0.20 s (Fig.11)*.

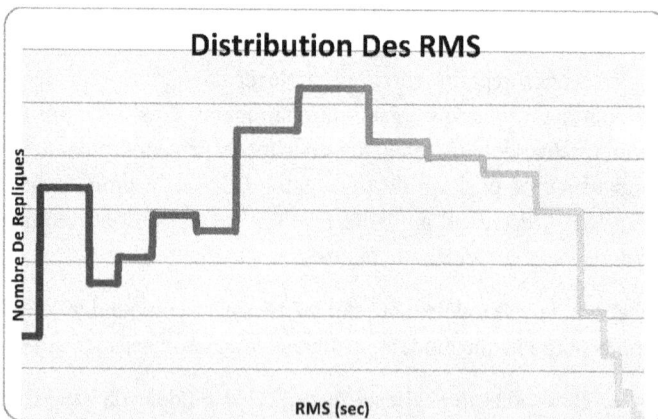

Fig.11 : Distribution des RMS

⤵ Distribution Des ERH :

Plus de *75%* des évènements ont une erreur standard sur la position de l'épicentre inférieur à *2.0 Km (Fig.12).*

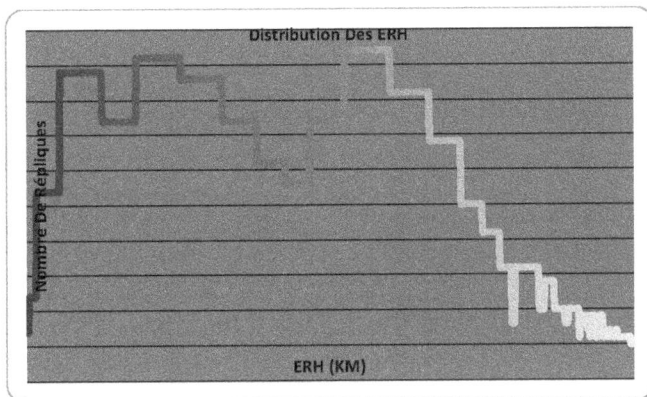

Fig.12 : Distribution des ERH

⤵ Distribution Des ERZ :

La distribution maximale des valeurs *ERZ* qui est de *29%* est obtenue pour la fourchette *1.1-1.5 Km* et plus de *73%* de ces valeurs sont inférieurs à *2.0 Km (Fig.13).*

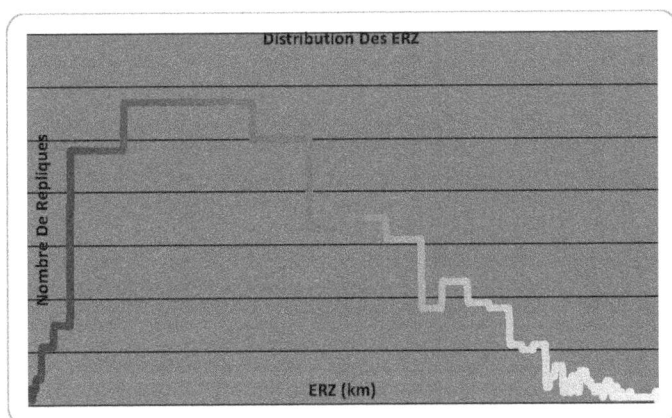

Fig.13 : Distribution des ERZ

♣ Nombre De Stations Utilisées :

La *(Fig.14)* montre que plus de 87% des séismes ont été localisés à l'aide d'un nombre de stations supérieur ou égale à 5, 13% seulement des foyers ont été calculés avec moins de 5 stations.

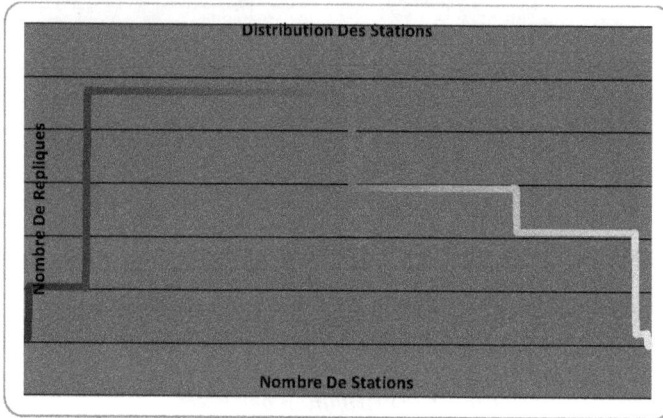

Fig.14 : *Distribution des Stations*

En conclusion, la localisation de plus de 87% des répliques à l'aide d'un nombre de stations sismologiques supérieur ou égale à 5, nous conduit à :

➤ Des erreurs standard sur la position de l'épicentre inférieures à 2 *Km* pour plus de 75% des séismes localisés.

➤ Des erreurs standard sur la profondeur du foyer inferieures à 2 *Km* pour plus de 73% des hypocentres calculés.

➤ Et que tous les séismes *(557)* ont été déterminés avec un résidu moyen inférieur à *0.4* s dont plus de 97% avec *RMS* inférieur à *0.20 s*.

En tenant compte des erreurs signalées précédemment, on estime la précision des localisations à *2.0 Km* sur les coordonnées horizontales et 2 *Km* sur la profondeur du foyer.

La représentation dans l'espace de l'activité sismique pendant une durée donné, est une des méthodes les plus employées pour l'étude de la répartition des répliques et la définition de la zone de rupture en profondeur.

Ainsi, l'établissement de cartes et de coupes de sismicité sera d'un apport considérable pour une discussion à propos des profondeurs des foyers, des solutions focales et de la répartition de la sismicité en liaison avec la tectonique.

III. Répartition Spatiale Des Epicentres :

Entre le *25* et le *31 Mai 2003*, plus de *550* séismes se sont produits dans la région de Zemmouri.

Les localisations obtenues ont fait l'objet d'une sélection minutieuse sur la base des erreurs commises sur la localisation horizontale *(ERH<2km)*, la profondeur *(ERZ<1km)* et sur l'erreur quadratique moyenne *(RMS<0.2s)*.

Les épicentres, ainsi obtenues, sont représentés sur la *(Fig.15)* par des cercles.

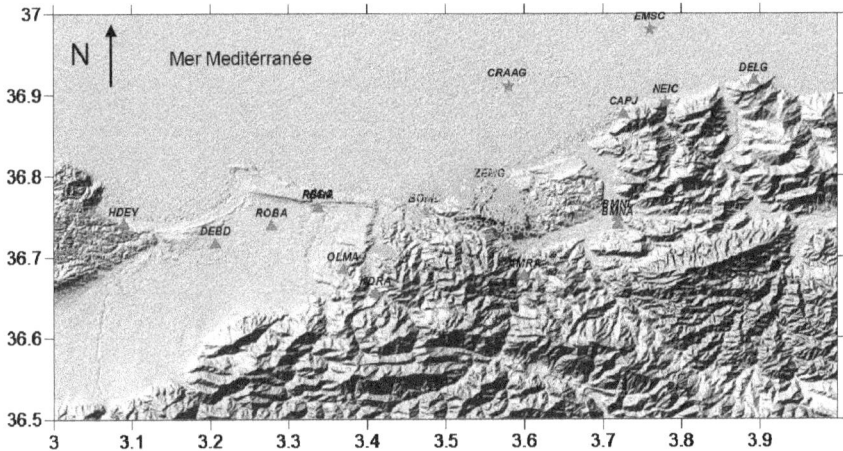

Fig.15 : Distribution des répliques localisées à l'aide du programme HYPO INVERSE

De l'examen de cette carte, il ressort quelques points intéressants relatifs à la sismicité générale :

> ➢ L'étude des répliques qui ont suivi le séisme de Zemmouri *du 21 Mai 2003* montre une image précise de la zone active.

➢ La séquence sismique indique une surface de direction globale *SW-NE* d'environ *20 Km* de long et de *15 Km* de large.

➢ Cette direction est en accord avec la direction de la faille calculée par la solution focale du choc principal *(N57°)*.

➢ La majorité des répliques sont localisées au *NW* de la zone épicentrale pendant les trois premiers jours qui ont suivi le choc principal. Par la suite, on observe une migration de la sismicité avec des répliques qui se concentrent principalement au *SW* de la zone épicentrale.

➢ On observe deux grappes de sismicité le premier au centre définissant un nuage de sismicité dense entre *3.5°E* et *3.6°E* et le second est à la terminaison *SW* de la zone active.

Partie gravimétrie :

Anomalies et corrections gravimétriques

Introduction :

La gravimétrie est l'une des méthodes de géophysique, qui étudie la variation du champ de gravitation terrestre. Sa principale théorie est fondée sur la loi de gravitation universelle de *Newton, 1667*. Cette dernière stipule que deux masses dans l'espace créent entre elles une force d'attraction mutuelle.

Cette force d'attraction est proportionnelle aux deux masses et est inversement au carré de la distance qui les sépare.

I. Potentiel Et Champ De Gravitation :

I.1 Potentiel De Gravitation :

Selon la théorie de *Newton* toutes les masses dans l'espace créent autour d'elles un potentiel gravifique *U(r)*. Ce potentiel est défini par une fonction harmonique liant la masse et l'espace par la relation différentielle suivante :

$$dU(r) = \frac{Gdm}{r}$$

$$U(x, y, z) = G \iiint_v \frac{\rho(x, y, z) dx dy dz}{\left[(x - x')^2 + (y - y')^2 + (z - z')^2 \right]^{\frac{1}{2}}}$$

Avec :

- ✓ G : Constante de gravitation universelle.

- ✓ ρ: Masse volumique.

I.2 Champ De Gravitation :

Le champ de gravitation $\vec{A}$ est la dérivée du potentiel U :

Donc :

$$\vec{A} = -\nabla U(x, y, z)$$

D'où :

$$\vec{A} = A_x i + A_y j + A_z k$$

Avec :

- ✓ i, j et k : Vecteurs unitaires du système.

- ✓ A_x, A_y, A_z : Dérivées du potentiel U suivant les axes x, y et z.

$$g(x, y, z) = A_z$$

$$g(x, y, z) = -G\frac{\partial}{\partial z}\iiint_v \frac{\rho(x, y, z)dxdydz}{\left[(x - x')^2 + (y - y')^2 + (z - z')^2\right]^{\frac{1}{2}}}$$

$$g(x, y, z) = G\iiint_v \frac{\rho(x, y, z)zdxdydz}{\left[(x - x')^2 + (y - y')^2 + (z - z')^2\right]^{\frac{3}{2}}}$$

I.3 Le Champ De Pesanteur :

Le champ de pesanteur de la terre résulte de deux termes, le premier est dû à la gravitation créée par la masse même de la terre tandis que le deuxième terme est lié à la rotation de la terre autour de son axe de révolution.

I.4 Mesure Du Champ De Pesanteur :

On distingue deux méthodes de mesure du champ de pesanteur. La première permet d'obtenir la valeur absolue de g. la seconde par contre est dite méthode relative. Elle permet la mesure de la variation du champ gravifique terrestre entre les points de mesures.

I.4.1 Mesure Absolue :

Cette méthode permet d'obtenir la valeur absolue de la pesanteur par une mesure directe. Elle consiste à faire une application très simple en utilisant une loi de la mécanique classique. Son principe est de faire tomber une masse *m* sur une distance *h*. Cette méthode est connue sous le nom de chute libre.

La valeur de g est obtenue de l'équation suivante :

$$g = \frac{2h}{\left(t_2 - t_1\right)^2}$$

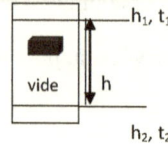

Avec :

✓ $t(s) = t_2 - t_1$: Temps de chute.

✓ $h(m) = h_2 - h_1$

Pour avoir une valeur absolue plus précise, on effectue une série de mesure et on calcule une moyenne arithmétique, la précision est de l'ordre de $1~\mu gal$.

I.4.2 Mesure Relative :

Les mesures relatives sont plus rapides à réaliser, seulement elles nécessitent plus de calcul. Cette méthode permet d'avoir la valeur du champ de pesanteur en tout point de mesures en se référant à une station où le champ est connu au préalable. Les gravimètres relatifs ont une précision de l'ordre de $0.01~mgal$.

I.5 Gravimètres Astables (astatisés) :

L'astatisation consiste à avoir un système mécanique mobile de l'instrument très proche de sa position d'équilibre indifférente. Cela permet une mesure de très faible variation de g.

Les gravimètres astables connus : *Worden, Lacoste & Romberg* et *Scintrex (CG3 et CG5)*. Ils sont connus sous le nom de gravimètre astatisés.

I.5.1 Gravimètre Scintrex CG3 :

Cette campagne a été réalisé à l'aide du gravimètre de type *CG3* de *Scintrex*. Avant de faire une mesure il est nécessaire le niveler. Au lancement de la mesure, le système ressort-masse est libéré et l'équilibre est rompu. Un condensateur agit par une force électrostatique sur la masse pour remettre le système à l'état d'équilibre *(Fig.16)*. L'intensité de cette force est convertie en *mgals*.

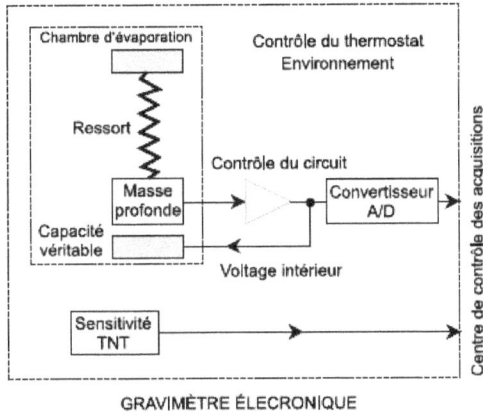

GRAVIMÈTRE ÉLECRONIQUE

Fig.16 : Schéma électronique du fonctionnement d'un gravimètre

II. Les Corrections Et Les Anomalies Gravimétriques :

II.1 Anomalie :

C'est l'écart entre une valeur mesurée d'un paramètre en un point et la valeur théorique de ce même paramètre en ce même point.

De plus, la mesure ne se fait pas forcement sur l'ellipsoïde de référence, et la valeur théorique ne tient pas compte de la présence de matériaux pesants entre la surface de mesure et l'ellipsoïde. Pour cela il est nécessaire d'apporter des corrections aux mesures.

II.2 Corrections :

1. Correction De La Latitude :

La pesanteur varie de l'équateur vers les pôles. Cette variation est due à deux facteurs :

Le premier est dû à la géométrie, et a la forme de la terre. Il est traduit par :

$$g_a = \frac{GM}{R^2}$$

Par contre le second facteur a une origine cinétique. Il résulte du simple fait que la terre tourne au tour de son axe de révolution. Il est défini par la relation suivante :

$$a_v = \omega^2 R \cos^2 \varphi$$

L'effet de l'accélération centrifuge s'oppose à celui de l'accélération gravitationnelle et présente une dépendance théorique avec la latitude (φ) *(Fig.17)*.

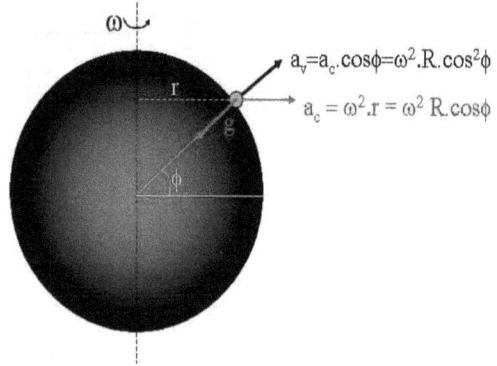

Fig.17 : Effet de l'accélération centrifuge

De ces deux termes on trouve que la composante verticale du champ de pesanteur est la résultante vectorielle de g_a et a_v :

$$g_{ref} = g_a - a_v$$

Ce qui donne :

$$g_{ref} = \frac{GM}{R^2} - \omega^2 R \cos^2 \varphi$$

Dans le cas où la terre n'est pas sphérique l'expression dois tenir compte de tous les petits volumes $\delta\tau_i$ contenus dans le volume on a alors :

$$g = \sum_i \delta\tau_i \frac{\rho}{r^2} - \omega^2 R \cos^2 \varphi$$

Clairaut (1743) a montré que, sur un sphéroïde de référence, le champ de pesanteur ne dépendait que de la latitude sous la forme :

$$g_{ref}(\varphi) = g_E(1 + b\sin^2\varphi + b'\sin^2 2\varphi)$$

Avec :

$$g_E = 978031.85$$

✓

✓ $$b = 0.005302357$$

✓ $$b' = 0.000005865$$

$$g_{ref}(\varphi) = g_E(1 + 0.005302357\sin^2\varphi + 0.000005865\sin^2 2\varphi)$$

D'où l'anomalie de Bouguer AB s'écrie sous la forme :

$$AB = g_m - g_{ref}$$

2. Correction à l'Air Libre :

Appelée aussi correction d'altitude. Elle consiste à enlever l'effet de l'altitude sur les mesures de la pesanteur (*Fig.18*). Elle est calculée comme suit :

Sur le geoïde (en A) :
$$g_0 = \frac{GM}{R^2}$$

A l'altitude h (en B) :
$$g_0' = \frac{GM}{(R + h)^2}$$

Si h « R alors :
$$g_0' = g_0(1 - \frac{2h}{R} + \frac{3h^2}{R^2} + ...)$$

$$\Delta g = g_0\frac{2h}{R}$$

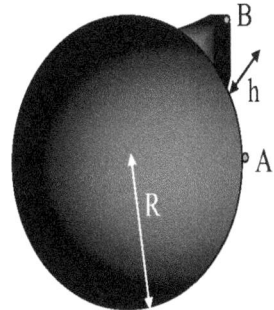

Fig.18 : Correction à l'air libre

D'où :

On remplaçant g_0 et R par leurs valeurs on obtient :

$$\Delta g = 0.3086h \text{ mgals}$$

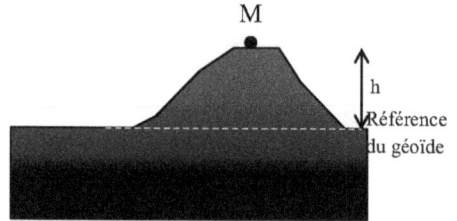

La correction à l'air libre consiste donc à corriger la valeur mesurée en M de l'effet de l'altitude par rapport au géoïde *(Fig.18)*.

Fig.19 : Correction à l'air libre

L'anomalie à l'air libre représente alors la différence entre la valeur mesurée en M, corrigée de la correction à l'air libre et de la valeur théorique. Elle est exprimée à la surface de référence par:

$$A_{al} = g_m - g_{ref} + 0.3086.h$$

Cette anomalie révèle généralement des objets de taille > 1000 km. Cependant, sur des étendues de 10 km, elle présente une signature fortement corrélée à la topographie.

3. Correction De Plateau :

Cette correction tient compte de la densité ρ du matériel présent entre la surface de référence et le point de mesure.

La correction de plateau permet ainsi de soustraire l'action des masses excédentaires situées entre le niveau de référence et le point M *(Fig.20)*.

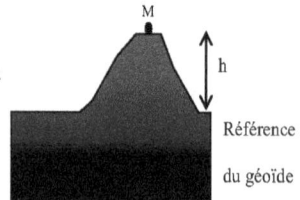

Fig.20 : Correction de plateau

Le calcul se fait de la manière suivante :

$$\oiint \vec{g}\,\vec{ds} = -4\pi G \sum m_i$$

$$-2gs = -4\pi G\rho hs$$

Ce qui donne :

$$g = 2\pi G\rho h$$

Sa valeur en mgal est exprimée par :

$$g(mGal) = 0.0419dh(m)$$

L'anomalie de plateau sera la différence entre la valeur mesurée en M corrigée de la correction de plateau et la valeur théorique. Elle est donnée à la surface de référence par l'expression :

$$A_p = g_m - g_{ref} - 0.0419dh$$

4. Correction De Relief :

Pour faire la correction de relief ou topographique, on enlève l'attraction d'une tranche de terrain d'épaisseur h. Si on ne peut approximer par une tranche uniforme, il faut intégrer numériquement d'une part les parties qui dépassent et d'autre part les parties qui manquent *(Fig.21)*.

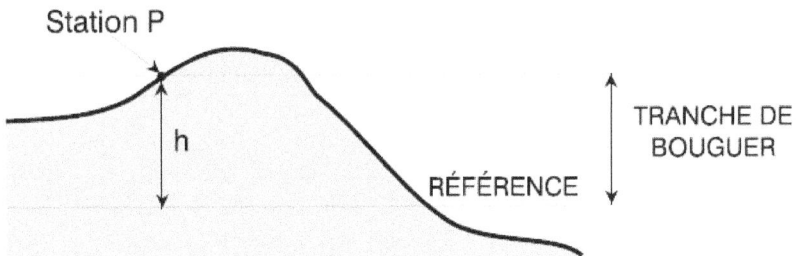

Fig.21 : Correction de relief

Pour les morceaux en trop, h et ρ sont positifs et pour les morceaux en manque, h et ρ sont négatifs. Ainsi, la correction de terrain est toujours positive puisqu'elle a pour effet de diminuer la gravité au point P.

L'intégration se fait numériquement au moyen d'un calculateur utilisant des cartes topographiques numérisées. L'expression donnant l'attraction gravitationnelle g, sur l'axe d'un cylindre creux et d'épaisseur $r_2 - r_1$ *(Fig.22)* est la suivante :

$$\Delta t_i = \frac{2\pi G\rho}{n\left(r_2 - r_1 + \sqrt{r_1^2 - h^2} - \sqrt{r_2^2 - h^2}\right)}$$

Où :

Δt_i : attraction d'un des secteurs du cylindre.

h: la hauteur du cylindre.

ρ: la densité du cylindre.

n: le nombre de secteurs dont le cylindre a été divisé.

La correction totale pour le cylindre entier est : $T = \sum \Delta t_i$

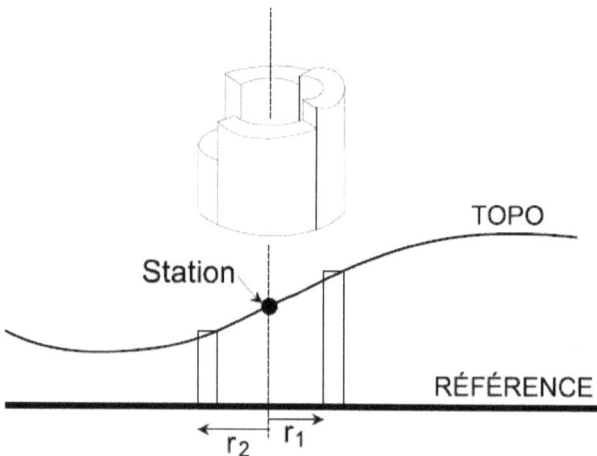

Fig.22 : Schéma de la correction de relief découpée en cylindre

En général, au lieu d'utiliser la formule donnée précédemment, on utilise un réticule que l'on superpose aux cartes topographiques et des tables préparées par *Hammer* (et complétées par *Bible*). Ces tables *(Tab.2 et Tab.3)* nous donnent, pour différentes valeurs de h, les corrections en mgals qu'il nous faut apporter pour chacun des secteurs du réticule ci-après *(Fig.23)*.

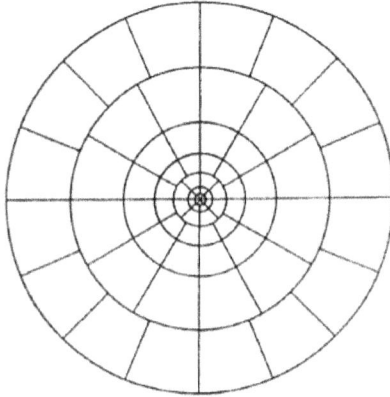

Fig.23 : Réticule de Hammer

Zones	B	C	D	E	F	G	H
Secteur	4	6	6	8	8	12	12
Rayon	2 à 16.5 m	16.6 à 53.3 m	53.3 à 170.1 m	170.1 à 390 m	390 à 895 m	895 à 1529 m	1529 à 2615 m
t_i	±h en m	±h en m	±h en m	±h en m	±h en m	±h en m	±h en m
0	0.0 à 0.3	0.0 à 1.3	0.0 à 2.4	0.0 à 5.5	0.0 à 8.2	0.0 à 17.6	0.0 à 22.9
0.1	0.3 à 0.6	1.3 à 2.3	2.4 à 4.1	5.5 à 9.1	8.2 à 14.0	17.6 à 30.5	22.9 à 40.0
0.2	0.6 à 0.8	2.3 à 3.0	4.1 à 5.3	9.1 à 12.0	14.0 à 18.3	30.5 à 39.3	40.0 à 51.5
0.3	0.8 à 0.9	3.0 à 3.5	5.3 à 6.3	12.0 à 14.3	18.3 à 21.6	39.3 à 46.6	51.5 à 61.0
0.4	0.9 à 1.0	3.5 à 4.0	6.3 à 7.1	14.3 à 16.2	21.6 à 24.4	46.6 à 52.7	61.0 à 68.9
0.5	1.0 à 1.1	4.0 à 4.4	7.1 à 7.8	16.2 à 17.7	24.4 à 27.0	52.7 à 58.0	68.9 à 76.0
1	1.1 à 2.0	4.4 à 7.3	7.8 à 13.1	17.7 à 29.6	27.0 à 45.0	58.0 à 97.0	76.0 à 126
2	2.0 à 2.7	7.3 à 9.8	13.1 à 17.0	29.6 à 38.3	45.0 à 58.0	97.0 à 125.	126. à 163
3	2.7 à 3.5	9.8 à 11.9	17.0 à 20.2	38.3 à 45.4	58.0 à 68.0	125 à 148	163 à 193
4	3.5 à 4.2	11.9 à 13.8	20.2 à 23.1	45.4 à 51.8	68.0 à 77.0	148 à 158	193 à 219
5	4.2 à 5.0	13.8 à 15.6	23.1 à 25.7	51.8 à 57.6	77.0 à 86.0	158 à 186	219 à 242
6	5.0 à 5.7	15.6 à 17.4	25.7 à 28.1	57.6 à 62.9	86.0 à 94.0	186 à 202	242 à 263
7	5.7 à 6.5	17.4 à 19.1	28.1 à 30.4	62.9 à 67.8	94.0 à 101	202 à 213	263 à 283
8	6.5 à 7.3	19.1 à 20.8	30.4 à 32.6	67.8 à 72.4	101 à 108	213 à 233	283 à 302
9	7.3 à 8.2	20.8 à 22.6	32.6 à 34.7	72.4 à 76.8	108 à 114	233 à 247	302 à 320
10	8.2 à 9.1	22.6 à 24.4	34.7 à 36.7	76.8 à 81.1	114 à 120	247 à 260	320 à 337
11	...	24.4 à 26.1	36.7 à 38.7	81.1 à 85.3	120 à 126	260 à 272	337 à 353
12	...	26.1 à 27.9	38.7 à 40.6	85.3 à 89.3	126 à 131	272 à 284	353 à 368
13	...	27.9 à 29.7	40.6 à 42.6	89.3 à 93.2	131 à 137	284 à 296	368 à 383
14	...	29.7 à 31.6	42.6 à 44.5	93.2 à 97.0	137 à 142	296 à 308	383 à 397
15	...	31.6 à 33.5	44.5 à 46.4	97.0 à 100.8	142 à 147	308 à 319	397 à 411

*__Tab.2 :__ Tables de Hammer pour la correction de relief ; densité : ρ= 2 g/cm^3 ; Zones B à H; Correction: $\sum t_i$ * 0.001 mgal.*

Zones	I	J	K	L	M
Secteur	12	16	16	16	16
Rayon	2615 à 4470 m	4470 à 6650 m	6650 à 9900 m	9900 à 14750 m	14750 à 21950 m
t_i	±h en m	±h en m	±h en m	±h en m	±h en m
0	0 à 30.2	0 à 51	0 à 62	0 à 76	0 à 93
0.1	30.2 à 52.1	51 à 88	62 à 108	76 à 131	93 à 160
0.2	52.1 à 67.1	88 à 114	108 à 139	131 à 170	160 à 207
0.3	67.1 à 79.6	114 à 135	139 à 165	170 à 201	207 à 245
0.4	79.6 à 90.2	135 à 153	165 à 187	201 à 228	245 à 278
0.5	90.2 à 100	153 à 169	187 à 206	228 à 252	278 à 307
1	100 à 164	169 à 280	206 à 341	252 à 416	307 à 507
2	164 à 213	280 à 361	341 à 441	416 à 537	507 à 655
3	213 à 253	361 à 427	441 à 521	537 à 636	655 à 776
4	253 à 287	427 à 485	521 à 591	636 à 721	776 à 880
5	287 à 317	485 à 537	591 à 654	721 à 797	880 à 978
6	317 à 344	537 à 584	654 à 711	797 à 867	973 à 1058
7	344 à 369	584 à 628	711 à 764	867 à 932	1058 à 1136
8	369 à 393	628 à 669	764 à 814	932 à 993	1136 à 1210
9	393 à 416	669 à 708	814 à 861	993 à 1050	1210 à 1280
10	416 à 438	708 à 745	861 à 906	1050 à 1104	1280 à 1346
11	438 à 459	745 à 780	...	...	...
12	459 à 479	780 à 813	...	...	...
13	479 à 498	813 à 845	...	...	...
14	498 à 516	845 à 877|	...	...	...
15	516 à 534	877 à 908	...	...	...

__Tab.3 :__ Tables de Hammer suite pour la correction de relief ; densité : ρ= 2 g/cm³ ; Zones I à M; Correction: ∑ tᵢ * 0.001 mgal.

III.   Anomalie de Bouguer :

L'anomalie de Bouguer AB correspond à la prise en compte des principaux effets :

Air libre, plateau, topographie.

$$AB = g_m - g_{ref} + 0.3086h - 0.0419\rho h + T$$

Cette anomalie est généralement anti-corrélée avec l'altitude. Elle révèle les objets et les phénomènes dynamiques de taille inférieure à 1000 km; comme les zones de subduction, les dorsales océaniques et les chaînes de montagnes.

IV. Choix de la densité :

C'est le paramètre le plus important dans le calcul de l'anomalie de Bouguer. Il existe plusieurs techniques pour le choix de la densité, on distingue deux méthodes, directes et indirectes.

IV.1 Méthodes directes :

1. Mesure sur échantillon :

L'estimation de la densité dans ce cas est tirée directement à partir des échantillons prélevés sur la région d'étude. Cette approche nous permet d'affecter une moyenne qui sera adopté pour le terrain. Néant au moins, cette densité ne représente pas réellement la densité de terrain. Il faut noter aussi que la densité varie sensiblement en profondeur.

2. Log de forage :

Les logs de diagraphies dans les sondages donnent la possibilité de mesurer la densité. Cependant celle-ci donne juste la densité « in situ » des formations proches des parois du puits. Pour une meilleure approximation de la densité une corrélation est faite par l'exploitation des enregistrements de plusieurs sondages régulièrement répartis sur la zone d'étude.

IV.2 Méthodes indirectes :

1. Méthode des triplets :

Le principe de la méthode, est de choisir une série de trois points de mesure (A, B et C), ou le point milieu B est de dénivelle plus ou moins importante des deux autres qui l'encadrent. Soient h_A, h_B et h_C leur altitude, la densité est donnée par :

$$\rho = \frac{0.3086 - C}{0.0419}$$

Ou C est déterminé par :

$$C = \frac{g_b \dfrac{g_a - g_c}{2}}{h_B - \dfrac{h_a - h_c}{2}}$$

Une série de densité serra calculée afin d'obtenir une densité moyenne arithmétique significative de la région d'étude.

2. Méthode de Paranis :

Le principe de la méthode c'est de choisir une densité pour laquelle la moyenne de l'anomalie de Bouguer soit nulle.

$$AB = g_m - g_{ref} + 0.3086h - 0.0419\rho h + dT = 0$$

$$(g_m - g_{ref} + 0.3086h) - \rho(0.0419h + T) = 0$$

On pose :

$$y = (g_m - g_{ref} + 0.3086h)$$

Et :

$$x = 0.0419h + T / \rho$$

Alors l'équation devient :

$$y - \rho x = 0$$

De cette équation on peut dire que la pente de la droite correspond au meilleur choix de densité.

3. Profil de Nettleton :

La méthode du profil de *Nettleton* consiste à choisir un profil qui traverse un relief important, on calcul plusieurs anomalie de Bouguer avec des densités différentes. La densité adéquate sera celle qui correspond le moins à la forme du relief *(Fig.24)*.

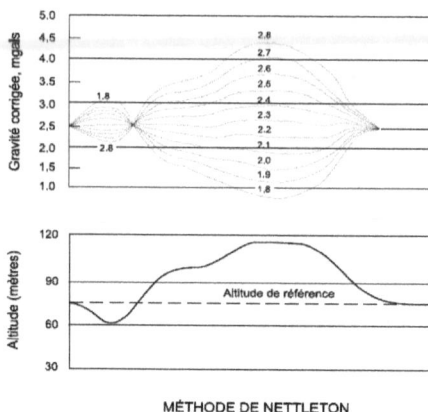

MÉTHODE DE NETTLETON

Fig.24 : Méthode de Nettleton

Parmi ces profils une partie reflètera nettement les irrégularités topographiques (densité *2.4 à 2.8*) et une autre donnera une image inversée du relief (*1.8 à 22*). Dans les deux cas, il existe une certaine corrélation entre les formes topographiques et gravimétriques; le profil le plus satisfaisant est évidemment celui qui se situe entre les deux groupes précédemment définis, et pour lequel, visiblement, la corrélation entre le relief et l'anomalie de Bouguer est la moins nette.

Un certain nombre de profils de ce genre, judicieusement distribués sur toute l'étendue prospectée, conduit à différentes valeurs de la densité ; si ces valeurs ne sont pas trop dispersées, leur moyenne pourra être retenue comme caractérisant au mieux la région, elle est alors prise pour effectuer les corrections d'altitude et de relief. Cependant l'emploi de cette méthode nécessite une homogénéité de terrain, cette condition est rarement satisfaite sur le terrain.

Partie Acquisition et traitement des données

gravimétrique et géodésique :

Introduction :

Le levé gravimétrique réalisé dans cette campagne couvre la région d'Alger et de Boumerdes. Il est constitué d'environ 600 points et 60 reprises gravimétriques. Ce travail a été réalisé en respectant une équidistance de *1Km* entre les stations de mesures gravimétriques *(Fig.25)*.

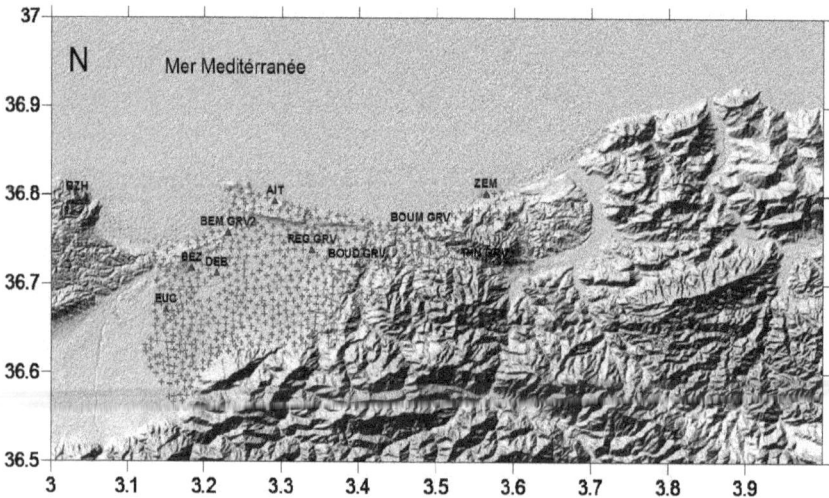

Fig.25: **Réseau gravimétrique et station de mesure.**

L'acquisition des données et de positionnement est soumise à diverses contraintes, d'une part l'exigence de la précision des mesures et d'autre part les moyens disponibles.

Ainsi, pour répondre particulièrement aux conditions sur la précision et la fiabilité des mesures, Les moyens suivants ont été exploités. Il s'agit de :

✓ Gravimètre de type *SCINTREX CG3*.

✓ Récepteurs GPS de type *LEICA GX 1200*.

✓ Véhicule *4*4* tout terrain.

I. Acquisition Gravimétrique :

I.1 Appareil De Mesure :

L'appareil de mesure gravimétrique utilisé dans cette campagne est le gravimètre relatif automatique à affichage numérique de type *SCINTREX CG3*.

Il utilise la force électrostatique comme moyen de compensation de la pesanteur. Sa précision est de *0.01mgal* **(Fig.26)**.

Fig.26 : Gravimètre relatif SCINTREX CG3

I.2 Mise En Œuvre :

Après initialisation du gravimètre par l'introduction d'un ensemble de paramètres utiles à la mesure gravimétrique et son nivellement par les niveaux galvanométriques et digitaux, les mesures sont faites automatiquement. Les petites erreurs d'horizontalité sont aussi automatiquement corrigées. Selon la durée de lecture programmée, un calcul statistique est effectué pour avoir la mesure gravimétrique en une station donnée. Les valeurs, jugées en dehors d'une certaine limite de sensibilité, sont automatiquement rejetées. Les données numériques sont, alors, stockées dans la mémoire du gravimètre.

Le fichier enregistré comprend pour chaque journée réalisée les informations suivantes :

✓ Une têtière sur laquelle sont données les informations spécifiques à l'initialisation, les différentes constantes de calibration du gravimètre et les coordonnées géographiques moyennes de la région d'étude.

✓ Les données proprement dites des stations gravimétriques effectuées pour lesquelles on peut voir les informations suivantes :

- o Le numéro de profil.

- o Le numéro de la station de mesure.

- o la mesure relative gravimétrique.

- o la déviation standard de la mesure.

- o Les valeurs du contrôle de l'horizontalité (Tilts X et Tilts Y) liées au nivellement.

- o Le coefficient de température.

- o la valeur de la correction luni-solaire.

- o Le nombre de mesures rejetées.

- o la durée de la mesure.

- o l'heure locale d'enregistrement de la mesure.

Un exemple de fichier est donné dans la *(Fig.27)*

```
------------------------------------------------------------------------
SCINTREX V5.2      AUTOGRAV / Field Mode              R5.31
                                                          Ser No:    403250.
Line:      0.  Grid:      0.  Job:     16.  Date: 09/06/06  Operator:      1.

GREF.:                        0. mGals        Tilt x sensit.:        268.2
GCAL.1:                 6277.538              Tilt y sensit.:        238.1
GCAL.2:                       0.              Deg.Latitude:          36.14
TEMPCO.:                -0.1237 mGal/mK        Deg.Longitude:         -3.07
Drift const.:               0.36              GMT Difference:        -1.hr
Drift Correction Start  Time: 12:40:14         Cal.after x samples:      12
                        Date: 09/03/27         On-Line Tilt Corrected = "*"
------------------------------------------------------------------------
Station  Grav.      SD.    Tilt x  Tilt y   Temp.   E.T.C.  Dur  # Rej     Time
  1182.  5149.873  0.047     1.      1.    -0.45   0.058    30    0   08:54:35
  1182.  5149.884  0.056     4.      1.    -0.43   0.059    30    0   08:55:34
  1183.  5150.338  0.049    -6.      3.    -0.42   0.082    30    0   09:23:08
  1183.  5150.344  0.079    -2.      3.    -0.43   0.082    30    0   09:24:05
  1184.  5151.729  0.069     3.      1.    -0.44   0.098    30    0   09:44:52
  1184.  5151.750  0.071     4.      0.    -0.39   0.099    30    0   09:46:26
  1184.  5151.746  0.061     4.     -1.    -0.43   0.099    30    0   09:47:34
  1185.  5153.620  0.060    -3.      0.    -0.42   0.120    30    0   10:18:55
  1185.  5153.652  0.072    -3.     -1.    -0.41   0.121    30    0   10:19:54
  1185.  5153.649  0.075    -7.     -2.    -0.38   0.121    30    0   10:20:51
  1186.  5152.005  0.047     4.     -1.    -0.28   0.137    30    0   10:51:09
  1186.  5152.013  0.072    -5.     -2.    -0.26   0.137    30    0   10:52:08
  1187.  5155.575  0.057    -1.      1.    -0.21   0.149    30    0   11:29:00
  1187.  5155.572  0.048     0.      4.    -0.19   0.149    30    0   11:30:01
  1188.  5154.118  0.089    -7.     -0.    -0.23   0.152    30    0   12:17:30
  1188.  5154.141  0.067     1.      1.    -0.22   0.152    30    0   12:18:27
  1188.  5154.142  0.066     2.      2.    -0.21   0.152    30    0   12:19:20
  1189.  5155.442  0.115    -7.      2.    -0.22   0.150    30    0   12:34:37
  1189.  5155.459  0.094     1.      1.    -0.21   0.150    30    0   12:35:38
  1189.  5155.469  0.087     3.     -0.    -0.18   0.149    30    0   12:37:13
  1190.  5155.744  0.063    -4.      2.    -0.25   0.145    30    0   12:54:15
  1190.  5155.740  0.069     0.      0.    -0.25   0.145    30    0   12:55:03
  1191.  5153.371  0.066    -0.      0.    -0.22   0.132    30    0   13:27:12
  1191.  5153.379  0.095     0.      0.    -0.22   0.131    30    0   13:28:00
  1192.  5151.898  0.044    -0.      5.    -0.21   0.122    30    0   13:45:34
  1192.  5151.904  0.053    -0.      2.    -0.18   0.122    30    0   13:46:43
  1193.  5150.052  0.074    -6.     -0.    -0.25   0.108    30    0   14:08:29
  1193.  5150.069  0.061    -0.      1.    -0.24   0.107    30    0   14:09:29
  1193.  5150.077  0.051    -0.      0.    -0.22   0.107    30    0   14:10:32
  1194.  5149.406  0.058    -3.     -3.    -0.28   0.079    30    0   14:47:10
  1194.  5149.408  0.081    -4.     -4.    -0.26   0.078    30    0   14:47:57
  1195.  5152.358  0.125     2.     -0.    -0.16   0.061    30    0   15:10:22
  1195.  5152.385  0.077     3.     -3.    -0.14   0.060    30    0   15:11:44
  1195.  5152.391  0.069     0.     -2.    -0.10   0.057    30    0   15:14:13
 16002.  5164.959  0.073     3.      3.    -0.37  -0.006    30    0   07:35:00
 16002.  5164.965  0.058     2.      3.    -0.35  -0.005    30    0   07:35:45
 16002.  5164.746  0.114     1.     -2.    -0.18  -0.010    30    0   16:36:01
 16002.  5164.767  0.118     1.     -3.    -0.16  -0.011    30    0   16:37:07
 16002.  5164.771  0.111     0.     -3.    -0.13  -0.012    30    0   16:38:28
 16004.  5152.317  0.086     4.      7.    -0.47   0.037    30    0   08:27:49
 16004.  5152.314  0.109     5.      6.    -0.51   0.038    30    0   08:28:51
 16004.  5152.183  0.102    -2.     -3.    -0.19   0.018    30    0   16:01:01
 16004.  5152.194  0.090    -3.     -6.    -0.18   0.017    30    1   16:02:06
 16004.  5152.191  0.142     0.      3.    -0.15   0.016    30    0   16:03:15
```

Fig.27: Fichier des données gravimétriques brutes

Pour un meilleur contrôle de la fiabilité de la mesure gravimétrique en une station donnée, un minimum de deux lectures doit être effectué. En effet l'écart entre les lectures ne doit pas dépasser *10μgals* **(Fig.27)**.

A Chaque mesure on note systématiquement la hauteur du gravimètre qui permet pour la correction de rabattement de la hauteur du gravimètre vers le sol.

Durant l'acquisition, le choix adéquat de la position de la station et de son environnement est important. En effet, la station doit être matérialisée sur un site :

o Globalement stable afin de minimiser les vibrations sur l'appareil de mesure.

o Relativement plat et libre d'escarpement dans un rayon minimal de deux mètres pour éviter les corrections topographiques des zones très proches.

o Loin de toutes activités, tant naturelles qu'industrielles (a titre d'exemple, lors d'un séisme, il y a lieu d'interrompre momentanément la mesure).

I.2 Précision Et Réitération :

Le premier contrôle de la précision des mesures est lié à la répétitivité des valeurs lors de l'acquisition. Pour cela, on réalise en chaque station un minimum de deux séries de lectures de *60* secondes. La moyenne de chacune des séries de lectures est prise comme étant la mesure en cette station. Dans le cas où l'écart entre les deux mesures est supérieur à *0.010mgals*, on effectue d'autres mesures jusqu'à la stabilité des lectures. Aussi, un autre contrôle de la qualité des mesures est donné par la dérive instrumentale journalière.

La courbe de dérive de longue période du gravimètre sur toute la période d'acquisition est donnée ci-après. Celle-ci est dans tous les cas inférieure à XXmgals/heure. Dans le cas contraire on procède au changement de la constante de dérive à long terme du gravimètre, un enregistrement continu en mode *''Cycling''* est utilisé pour pouvoir évaluer la nouvelle constante à introduire.

Enfin, le dernier contrôle est lié aux différentes mesures réitérées. Le nombre de ces réitérations de l'ordre de *10%* des mesures totales. Ces reprises appartiennent à un autre programme exécuté à un jour d'intervalle au minimum. Au cours de cette campagne, *60* stations gravimétriques ont été reprises.

La moyenne des écarts types de ces réitérations obtenue pour toutes les mesures de la compagne est comprise entre Xmgals et Ymgals. La moyenne des écarts type de toutes les réitérations (60 réitérations) est de Xmgals. Un histogramme cumulatif de l'écart type de toutes les réitérations *(Fig.28)* est donné ci-après.

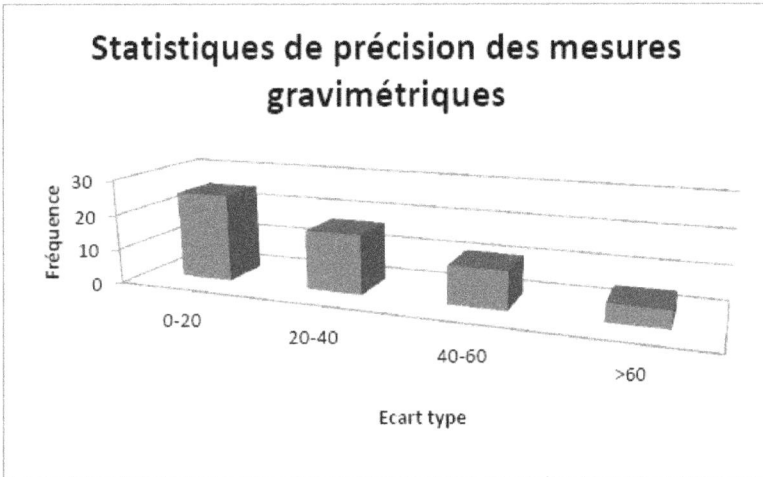

Fig.28:Histogramme des écarts types des réitérations gravimétriques.

I.4 Dérive :

La dérive ou fatigue instrumentale est due à des paramètres atmosphériques et mécaniques. On distingue alors :

o **La dérive instrumentale de grande période :**

Elle est directement compensée par l'introduction d'un coefficient de dérive préalablement évalué lors des tests de calibration du gravimètre. Cette constante de dérive à long terme est obtenue en réalisant des mesures continues au laboratoire en mode ''Cycling'' sur une durée d'environs 48 heures. Elle n'est modifiée que lorsque sa valeur dépasse 0.050 mgals/jours.

o **La dérive instrumentale de courte période :**

Elle représente l'écart entre les lectures gravimétriques à l'ouverture et à la fermeture en des basses gravimétriques données. Cette dérive est supposée linéaire durant la journée de mesure.

Sa répartition se fait selon les étapes suivantes :

Soient :

✓ L_A : Lecture d'ouverture à la base au temps t_A.

✓ L_B : Lecture de fermeture à la base au temps t_B.

✓ g_A : Valeur de la pesanteur à la base A.

✓ g_B : Valeur de la pesanteur à la base B.

✓ d : La dérive totale instrumentale.

Ainsi quelques soient les bases utilisées, on peut noter que :

$$d = (L_B - L_A) - (g_B - g_A)$$

Si les deux lectures se font à la même base, l'équation précédente devient:

$$d = L_B - L_A$$

La correction des lectures de l'effet de la dérive revient à distribuer cette dérive totale ''d'' linéairement en fonction du temps entre les lectures des différentes stations réalisées entre l'ouverture et la fermeture aux bases.

Une dérive partielle en une station donnée d_i est exprimée par la relation suivante:

$$d_i = d \ [(t_i - t_A)/ (t_B - t_A)]$$

Afin de corriger les lectures L_i de l'effet de la dérive d_i il suffit de faire :

$$L_{ic} = L_i - d_i$$

I.5   Etalonnage du gravimètre :

Afin de contrôler le bon fonctionnement des gravimètres et d'évaluer leurs constantes ''k'', il est important de les étalonner au début de chaque campagne. Cet étalonnage se fait entre des bases absolues dont les valeurs de la pesanteur sont définies au préalable. Les bases utilisées doivent avoir une différence de dénivelée importante.

En considérant deux bases A et B de valeurs respectives de pesanteur g_A et g_B, la constante d'étalonnage ''k'' du gravimètre est donnée par :

$$k = (g_A - g_B)/ (L_A - L_B)$$

Les lectures L_A et L_B sont faites en réalisant deux aller-retour et demi entre les bases gravimétriques A et B.

I.6   Terme de marée :

Le gravimètre utilise la formule de *Longman (1959)* pour le calcul du terme de marée. Cette relation est préprogrammée, par conséquent sa mesure est effectuée. Au cours de l'acquisition gravimétrique, cette correction peut être directement appliquée aux mesures. Cette correction permet de corriger l'effet de l'attraction du soleil et de la lune. Pour cela, il est nécessaire d'introduire l'heure, la date et les coordonnées géographiques moyennes de la région d'étude.

I.3   Calcul des valeurs de la pesanteur :

Cette étape de traitement est la dernière pour obtenir le champ de pesanteur à chaque point de mesure. C'est ainsi que, la valeur de g_i en une station S_i est déterminée à partir de la valeur du champ de pesanteur à une base donnée g par la relation suivante :

$$g_i = (L_{ic} - L) + g$$

II. Acquisition géodésique :

II.1   Appareil de mesure :

Certaines corrections gravimétriques nécessitent les paramètres de positionnement géodésique. C'est ainsi que le levé géodésique pour cette compagne gravimétrique a été réalisé a l'aide d'un *DGPS (GPS différentiel)* de précision de type **LEICA GX 1200** *(Fig.29)*.

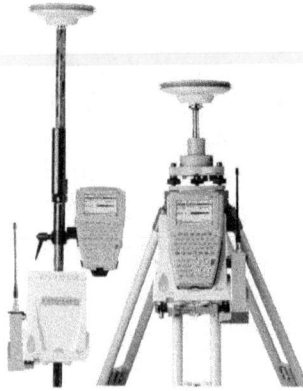

Fig.29 : GPS LEICA GX 1200

II.2   Acquisition des données géodésiques :

Un réseau de base géodésique a été établi à partir d'un point géodésique de référence dont les coordonnées sont connues au préalable. Toutes ces bases ont été utilisées comme référence aux mesures topographiques. Les coordonnées ont été définies par rapport à l'ellipsoïde de référence *WGS 84*. Les transformations dans le système local ont été réalisées en exploitant comme datum *Clarke 1880*. Etant donné que la zone d'étude a été dotée d'un réseau de bases, toutes les observations de densification menées sur le terrain sont rattachées géodésiquement à la base la plus proche.

Le temps d'observation pour chaque point mesuré est proportionnel à la distance séparant ce point de mesure de la référence (point de base). Comme les récepteurs GPS itinérants travaillent dans un rayon moyen de vingt kilomètres par rapport à la référence la plus proche, les temps de collecte des données brutes varient entre cinq minutes (minimum) et trente minutes (maximum).

Ces temps d'observations sont suffisants pour résoudre les ambigüités pendant le traitement et obtenir des coordonnées précises.

La distance maximale qui devrait séparer les points mesurés du point de référence a été respectée pendant toute la compagne.

58

Ceci permet de ne pas avoir de décalage supérieur à la précision imposée au niveau de l'ondulation du géoïde entre celle du point de référence et la valeur des points qui lui sont rattachés.

II.3   Traitement des observations GPS :

Le traitement des données géodésiques est quotidien. Chaque journée d'observation est transférée sur ordinateur au niveau du logiciel *LEICA GEO OFFICE (LGO)*. Ces données sont alors traitées après vérification de certains paramètres d'acquisition (numéros des stations, hauteur de l'antenne, nombre d'époques, etc...). Les coordonnées des stations observées sont référencées à celle de la base utilisée dont les coordonnées (dans le système global WGS 84) sont connues et introduites au préalable dans le logiciel de traitement. Pendant le traitement, plusieurs possibilités sont offertes pour résoudre les ambiguïtés rencontrées. Celles-ci peuvent être causées par certaines anomalies pendant les observations (perte de contact avec un satellite ou plus, mauvaise position d'un satellite dans le ciel par rapport à notre position...). On peut remédier à ces problèmes par l'intermédiaire de plusieurs options contenues dans le logiciel LGO.

A travers le traitement des données GPS, on détermine les coordonnées des points traités dans le système WGS 84.

Une transformation de coordonnées du système global au système local des points géodésiques mesurées est alors effectuée. On dispose ainsi d'un jeu de coordonnées géographiques et UTM.

III.   Correction de terrain

La correction de terrain utilisée est la combinaison de deux méthodes décrites par (Nagy, 1966) et *(Kane, 1962)*. La correction est basée sur la contribution de la zone proche, intermédiaire et lointaine. Pour cela, il faut un modèle de terrain régionale (MNT couvrant *100 Km* au-delà de la zone de mesures) et un modèle de terrain local plus précis dans la zone de mesure.

Nous avons utilisé pour la correction topographique le *SRTM 90m* pour le *MNT* régionale et l'ASTER 30 m pour la correction proche et intermédiaire. Au niveau de la mer, nous avons utilisé les données bathymétriques de la campagne *MARADJA (2003)* avec une résolution de *25m*.

A. SRTM :

Le *SRTM (Shuttle Radar Topographie Mission)* avait pour but de cartographier la Terre en (03) dimensions en neuf jours *(Fig.30)*. Le SRTM utilise des radars, à ouverture synthétique, SIR et SAR, en bandes C et X pour couvrir *80%* de la surface du globe *(123 millions de Km²)* avec pour particularité d'inclure *95%* de surfaces habitées (de *60°N* à *54°S*).

Trois types de fréquences furent utilisés. Pour les archéologues, *1.25 GHz* (études en profondeur de plusieurs mètres), puis *3.75 GHz* pour la texture du terrain et enfin *5 GHz* pour le relief. La précision sera de *3* à *6 m* dans la reconstitution de l'altitude, pour une résolution au sol de *30 m*. Le principe de mesure consiste à envoyer 2 signaux dont les sources sont décalées, et d'analyser les échos. Le décalage donne l'altitude. L'analyse du décalage entre 2 signaux par interférométrie permettra d'obtenir une précision de *3* à *6 m* en altitude.

Fig.29 : Principe de mesure SRTM

B. ASTER :

Le *MNT ASTER* (*Advanced Spaceborne Thermal Emission and Reflection Radiometer*) a été développé conjointement par le ministère de l'économie, du commerce et de l'industrie du japon avec l'administration nationale de l'aéronautique et de l'espace des états unis (*NASA*).

Le *MNT ASTER* couvre une région allant de *83°N* à *83°S* et est constitué de *22,600* carré de 1°X1°. Il se présente en format geotiff avec des coordonnées lat/long géographiques et une résolution de 1 arc seconde (approximativement 30 m). Il est géo référencé en géoïde *WGS84/EGM96*.

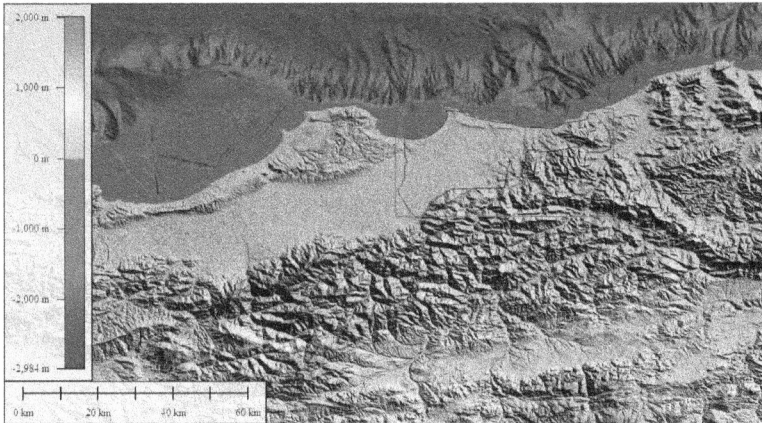

Fig.31 : MNT utilisé pour la correction de terrain le rectangle rouge représente la zone d'étude.

Pour la zone proche l'algorithme de calcul somme les effets de quatre sections triangulaires inclinées, qui décrivent une surface entre la station de mesure et l'élévation à chaque point diagonale *(Fig.32)*.

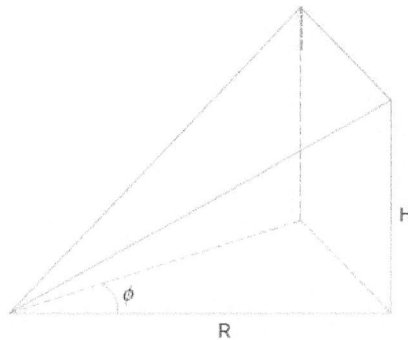

ZONE 0: Triangles inclinés

$$g = GD\phi \left(R - \sqrt{R^2 + H^2} + \frac{H^2}{\sqrt{R^2 + H^2}} \right)$$

ou,

g = Attraction gravitationnelle

G = Constante de gravitation

D = Densité

Fig.32 : Méthode de calcul pour la zone proche.

Pour la zone intermédiaire, l'algorithme calcul l'effet d'un prisme *(Fig.33)* décrit par (*Nagy, 1966*).

$$g = -GD \left| \left| \left| x \bullet \ln(y + R) + y \bullet \ln(x + R) + Z \arctan\frac{Z \bullet R}{x \bullet y} \right|_{z_1}^{z_2} \right|_{x_1}^{x_2} \right|_{x_1}^{x_2}$$

ou,

g = Attraction gravitationnelle

G = Constante de gravitation

D = Densité

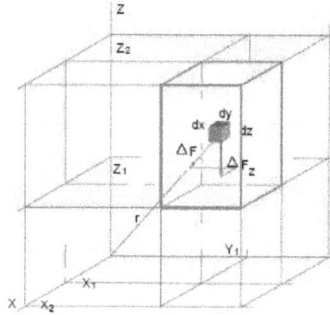

Fig.33 : Méthode de calcul pour la zone intermédiaire.

Pour la zone lointaine, l'effet de terrain est calculé par l'approximation du segment annulaire à un prisme carré *(Kane, 1962)* **(Fig.34)**.

ZONE 2 : Section annulaire

$$g = 2GDA^2 \frac{(R_2 - R_1\sqrt{R_1^2 + H^2} - \sqrt{R_2^2 + H^2})}{(R_2^2 - R_1^2)}$$

ou,

g = Attraction gravitationnelle

G = Constante de gravitation

D = Densité

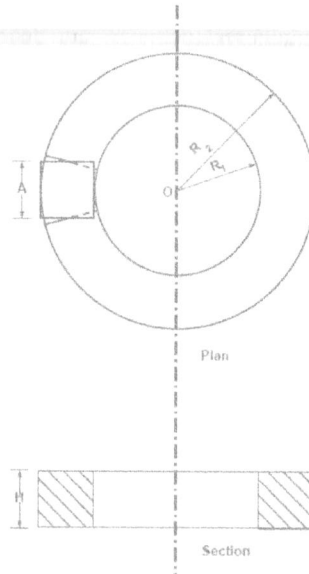

Fig.34 : Méthode de calcul pour la zone lointaine.

C. Système de référence géographique UTM (Universel Transverse Mercator) :

Le système de projection adopté pour cette étude est l'UTM. Cette projection est dite global en comparaison à d'autres projections du type Lambert (projection essentiellement utilisée en Algérie) qui sont de type local. La projection Lambert est par exemple précise que dans une zone d'environ *150Km* de part et d'autre du parallèle d'origine. Plus loin que cette zone, il y a des corrections à apporter à la valeur (constante de correction).

Pour définir complètement le système géographique, il y a lieu de définir un ellipsoïde de référence associé à cette projection. Traditionnellement, l'ellipsoïde *d'Hayford 1909* est associé à la projection *UTM*, mais depuis l'avènement des satellites, il est plus commode d'utiliser le même ellipsoïde que celui du *WGS84 (world geodetic system 'système géodésique mondial')* pour une meilleure cohérence des mesures et positionnements réalisés avec le GPS.

Nous avons donc pour nos calculs, employée la projection *UTM* associée au référentiel géodésiques *WGS84*, donc l'ellipsoïde *IAG GRS 1980*.

IV.   Etablissement des Cartes :

La carte de l'anomalie de Bouguer complète est l'anomalie de Bouguer corrigée de toutes les corrections topographiques, proches et lointaines.

Différents traitements numériques ont permis l'établissement de la carte de l'anomalie de Bouguer pour une densité d=2.67 *(Fig.35).*

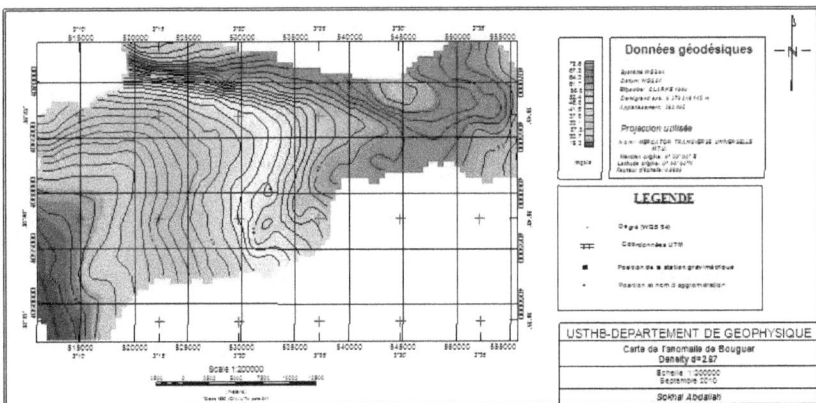

Fig.35 : Carte de l'anomalie de Bouguer (d=2.67)

La carte des anomalies de Bouguer *(Fig.35)* montre un compartiment relativement positif à l'Est, entre les régions d'Ain Taya et de Zemmouri. Cependant, la partie occidentale se caractérise par une anomalie négative liée à la limite orientale du bassin de la Mitidja. Ces compartiments sont mis en évidence sur la carte prolongée à *2000m (Fig.36).*

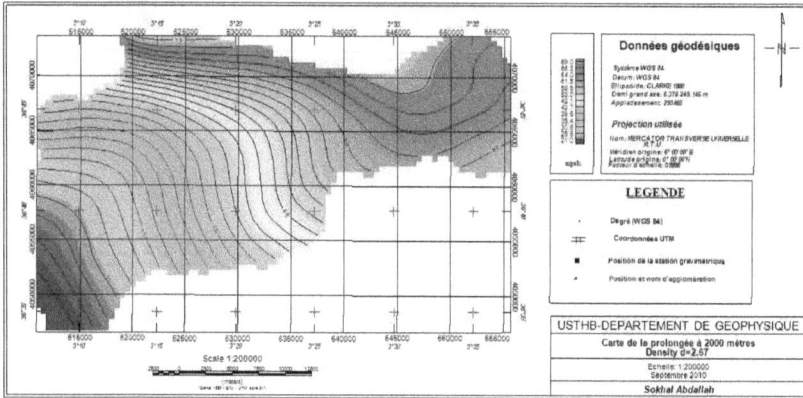

Fig.36 : Carte du prolongement vers le haut à 2000m

Plusieurs traitements numériques ont été effectués sur la carte des anomalies de Bouguer. Il s'agit des cartes de dérivations et prolongements vers le haut. Ainsi, sur la carte du gradient vertical *(Fig.37)*, on observe l'ensemble des structures cassantes qui affecte la région d'étude, particulièrement au nord de la carte. Les failles observées sont sensiblement *E-W (Faille 1)* dans la région de Zemmouri et *ENE-WSW* dans la zone d'Ain Taya en allant vers Boumerdes *(Faille 2)*. Ces accidents majeurs sont confirmés par la carte de dérivée seconde *(Fig.38).*

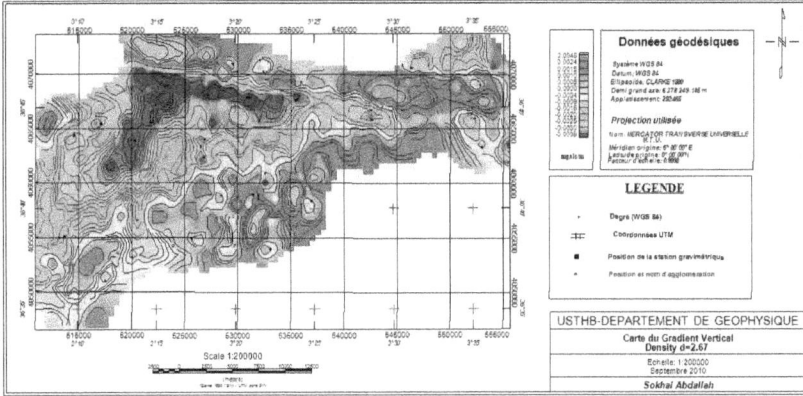

Fig.37 : *Carte du gradient vertical*

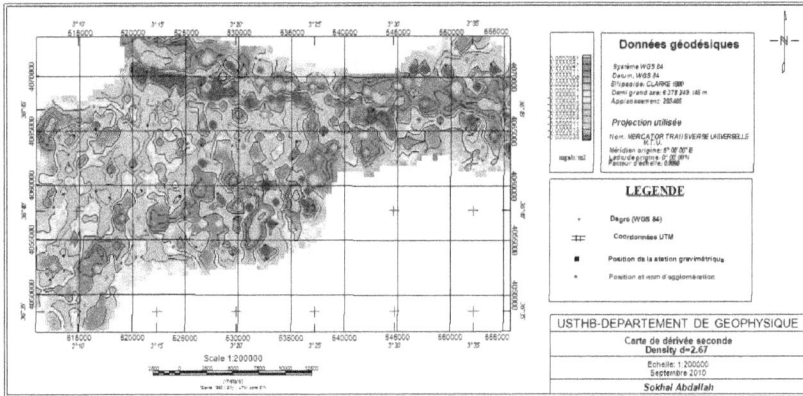

Fig.38 : *Carte de la dérivée seconde*

Partie Inversion : Inversion conjointe tridimensionnelle 3D

I. ACQUISITION DES DONNEES :

1. Données Sismologiques :

Le premiers ensemble de données utilisés pour l'inversion conjointe sont les temps d'arrivées des ondes P obtenus d'une compagne mise en place par le *CGS* et le *CRAAG* et sont au nombre de *557* évènements localisés dans la zone d'étude.

Les données instrumentales sont obtenues grâce à l'installation d'un réseau local constitué d'un total de *15* stations sismologiques portables. Parmi lesquelles, il y'a *8* stations de type *Kinemetrics (K2)*, qui sont à enregistrement numérique (discontinu) et sur lesquelles les trois composantes verticale et horizontales du mouvement sont inscrites. Les *7* autres stations, de même type sont des *Geotrass*. Chaque station est équipée essentiellement d'un sismomètre tri composantes [une verticale et deux horizontales] de type *LE-3Dlitt* de *Lennartz* de fréquence propre égale à *1Hz* et dispose d'un *GPS* qui fournit une base de temps et la position x, y et z de la station.

Ce réseau d'intervention a couvert, durant une semaine après le choc principal, la zone épicentrale sur un rayon de *50 Km*. Les distances épicentrales sont, en générale, inférieures à *20 Km* pour les *15* stations.

Environs *900* répliques sont enregistrées et localisées *(Bounif, et al., 2004)* avec une bonne précision. Les temps d'arrivée sont lus avec une précision de *0.01 sec*. Les foyers des séismes ont été localisés en utilisant le programme *Hypoinverse (Klein, 1978)*, pour un modèle de vitesse à couches planes, horizontales de vitesses latérales constantes. Les résidus ont été calculés en soustrayant les temps d'arrivés théoriques calculés aux temps d'arrivés observés pour un modèle terrestre standard *(Bounif, et al., 2004)*.

D'après toutes ces données, nous avons choisi un certain nombre d'événements qui avaient une très bonne précision, aussi bien sur les coordonnées des localisations horizontales que sur la profondeur. Ce sont les événements les mieux répartis pour espérer faire une bonne inversion. La distribution des événements est un peu biaisées du fait que ces événements sont situés dans la partie nord du réseau où sont survenus la majorité des séismes ; alors qu'on a souhaité avoir une distribution des séismes assez bien répartie sur l'ensemble de la région.

Ainsi *557* événements ont été sélectionnés parmi les *900* observations des temps d'arrivée des ondes P.

L'erreur de lecture pour l'onde P est estimée à *0.01 sec*. Nous avons gardé seulement les répliques les mieux localisées et nous avons rejeté les localisations de l'hypocentre dont le *RMS* est supérieur ou égale à *0.2 sec*, l'erreur horizontal supérieur à *1.5 Km* et l'erreur verticale supérieur à *3.0 Km*. Finalement nous avons sélectionné *557* hypocentres.

2. **Données Gravimétriques :**

Le deuxième ensemble de données utilisées pour l'inversion conjointe est l'anomalie de Bouguer obtenue *(Fig.39)* à partir d'un levé gravimétrique réalisé par moi-même, cette compagne couvre la région *d'Alger, Zemmouri* et *Boumerdes*. Il est constitué d'environ *600* points et 60 reprises gravimétriques. Ce travail a été réalisé en respectant une équidistance de *1Km* entre les stations de mesures gravimétriques.

L'appareil de mesure gravimétrique utilisé dans cette campagne est le gravimètre relatif automatique à affichage numérique de type *SCINTREX CG3*. Sa précision est de *0.01 mgal*.

Un levé géodésique pour cette compagne gravimétrique a été réalisé à l'aide d'un *DGPS (GPS Différentiel)* de précision de type *LEICA GX 1200*.

L'anomalie de Bouguer a été calculée en utilisant une densité moyenne de *2400 kgm^{-3}*.

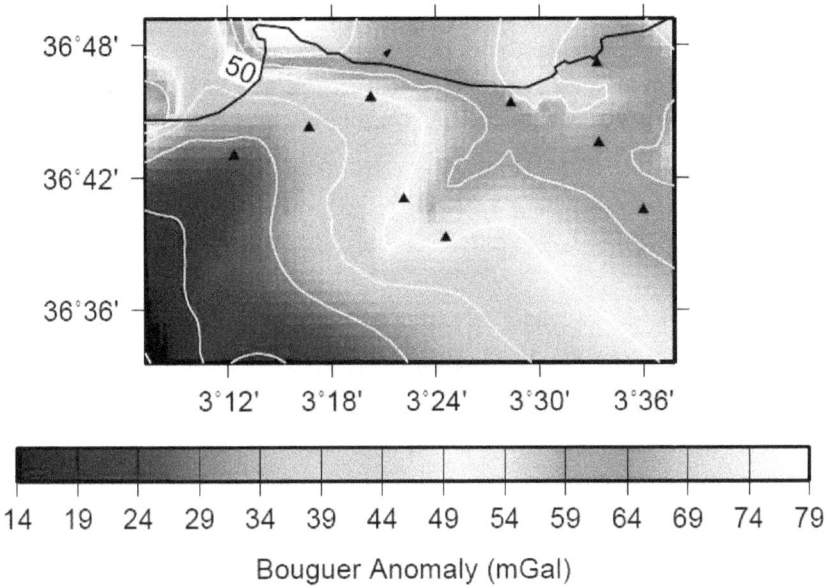

Fig.39 : *Anomalie de Bouguer pour la région d'étude. Les triangles noirs représentent les stations sismologiques.*

II.   INVERSION CONJOINTE :

Le terme inversion de coopération *''cooperative inversion''* des données géophysiques et en particulier entre les données sismiques et gravimétriques a été définie par *Lines et al. (1988)*. Ils discernèrent entre l'inversion conjointe et séquentielle.

La méthode séquentielle traite les deux ensembles de données séparément tandis que la méthode conjointe traite simultanément les deux ensembles et les place dans un vecteur de donnée.

La méthode utilisée a été initié par *Zeyen* et *Achauer (1997)*, puis développé par *Jordan* et *Achauer (1999)* et *Tiberi* et *al*. Le concept d'inversion conjointe a été mentionné en premier lieu par *Lines et al. (1988)* et depuis a longtemps été développé pour différents ensembles de données *(par exemple : Lee et Van Decar 1991 ; Julia et al. 2000)*.

Les méthodes d'inversions conjointes gravimétrie-sismique bénéficient d'une vrai prise en compte simultanée des données des temps d'arrivés et des données gravimétriques, nécessitant une relation linéaire (ou une approximation linéaire de celle-ci) entre la vitesse et la densité. Dans notre cas nous utilisons la relation positive linéaire de *Birch (1961)* :

$$\Delta V_P = B \, \Delta\rho \qquad\qquad (1)$$

Avec :

> ➢ B : coefficient reliant les perturbations de vitesse (ΔV_P) aux variations de densités $(\Delta\rho)$. Selon *Birch (1961)* le coefficient B varie entre *2,5 et 3,5 km $s^{-1}g^{-1}cm^3$*, selon le type de roche.

Par conséquent le schéma d'inversion conjointe est effectué en tenant compte de trois inconnus :

> ✓ L'anomalie de vitesse des ondes P $(\Delta V_P/V_P)$.

> ✓ Le contraste de densité $(\Delta\rho)$.

> ✓ Le coefficient B.

On suppose que le facteur B varie ce qui permet de prendre en comptes ses variations statistiques dues aux types de roches et aux pressions, tout en conservant le couplage entre la vitesse et la densité.

Comme le problème est non-linéaire, nous utilisons une méthode itérative des moindres carrées. L'algorithme utilisé pour l'inversion conjointe dans cette étude est basé sur une approche *Bayésienne* dans laquelle toute information a priori peut être introduite pour réduire l'ensemble des solutions possibles. Cette méthode a été largement détaillée dans *Zeyen et Achauer (1997)* et *Tiberi et al. (2003)*.

Nous résumons ci-après la philosophie et les hypothèses principales :

Les sources causal de l'anomalie gravimétrique observée et des temps d'arrivés sont censées être distribué dans des couches horizontales d'épaisseur *Hi (i=1,2, ...N)*. Chaque couche est subdivisée en N_d blocs rectangulaires auquel un contraste de densité est affecté. La vitesse est calculée par interpolation en utilisant la méthode du gradient entre le nombre de nœud N_V pour chaque couche *(Thurber 1983)*.

Pour une couche donnée le nombre de nœuds N_V et le nombre de blocs N_d sont indépendants ce qui permet un paramétrage optimisé pour le modèle de vitesse et le modèle de densité. Nous avons choisi un modèle assez grand pour être à l'abri des effets de bord.

La moyenne des variations de vitesse et de densité pour une couche donnée est supposée égale à zéro. Il est important de noter que les contrastes de densité et de vitesse récupérés par l'inversion sont ensuite relative à chaque couche et ne peuvent en aucun cas être directement comparés d'une profondeur à l'autre.

Pour trouver les modèles les plus appropriés, l'inversion procède itérativement en trois étapes :

Tout d'abord, le champ gravimétrique dû à tous les blocs du modèle est calculé en chaque point d'observation, en tenant compte du contraste de densité de l'itération précédente. Ce calcul direct est réalisé en additionnant l'attraction verticale due à l'ensemble des blocs rectangulaires dans chaque couche *(par exemple : Blakely 1995 ; Li et Chouteau 1998)*. Les temps d'arrivés sont calculés en utilisant la méthode du *Bending* avec un traceur de rai 3D (3D Ray Tracing) à travers les nœuds du modèle de vitesse de l'itération précédente *(Méthode du simplex, Steck et Prothero 1991)*. Le coefficient B est ensuite calculé pour chaque couche seuls les blocs qui contiennent au moins un nœud de vitesse sont pris en considération pour ce calcul.

Deuxièmement, le champ gravimétrique et les temps d'arrivés sont comparés avec ceux observés, et les résidus sont calculés en chaque point de donnée et en chaque stations.

Enfin, nous utilisons ces résidus pour calculer une nouvelle distribution de densité et de vitesse dans les limites du modèle par une inversion de matrice *(Tiberi et al. 2003)*. Le programme s'arrête soit quand il atteint le nombre requis d'itérations ou lorsque la différence entre les données observées et calculées a atteint un seuil minimum donné.

Pour limiter le nombre de modèles possibles qui peuvent expliquer l'ensemble des données, l'inversion introduit un certain nombre d'informations a priori et des contraintes.

Les modèles initiaux de vitesse et de densité sont une forte affirmation a priori car ils prédéfinissent l'emplacement des perturbations dans les couches et les blocs ou les nœuds.

Deuxièmement, les variables écarts-types *(Standard Deviation)* pour les données et les paramètres sont introduites dans des matrices de covariances à fin d'éviter une convergence vers des solutions irréalistes.

Enfin une contrainte de lissage *(Smothing)* est ajoutée pour éviter des changements brusques et peu disposé entre les blocs adjacents de densité ou les nœuds de vitesse *(Voir Zeyen et Achauer 1997 pour une étude détaillée)*.

A. Traceur de Rai 3D [3D Ray Tracing] :

Les temps d'arrivées sont couramment utilisés pour déterminer la structure de vitesse de la croute et du manteau supérieur. Peut-être que la méthode la plus efficace et la plus utilisé est l'inversion du modèle en bloc de *Aki et al. (1977)*. Lorsque celle-ci est utilisée avec une distribution 2D des stations, elle peut mieux résoudre les variations latérales de vitesses que les variations verticales dans la croute et le manteau supérieur.

Toutefois, il est de pratique courante de déterminer les trajets de rai des temps d'arrivés enregistrés en utilisant un traceur de rai 1D avec la phase et l'allure de la vitesse du rai déterminé à partir du lieu de l'événement et des modèles terrestre standards *(Par exemple : Herrin, 1968)*. Même si cela peut être une bonne approximation pour les régions présentant un faible degré d'hétérogénéité, dans des environnements plus compliquées, cela peut être très imprécis. Par exemple dans la Long Valley Caldera les ondes télé sismiques P peuvent arrivées avec un back azimute de *60°* par rapport à la valeur prédite et avec une valeur de la phase de la vitesse de moitié *(Steck and Prothero 1989)*. Dans les environnements de ce type les faible-grandes perturbations de vitesse à partir de l'inversion tomographique utilisant un traceur de rai 1D seront sous-estimé *(Kouch, 1985 ; Wielandt, 1987)*.

Plusieurs chercheurs ont mis au point des algorithmes de traceur de rai 3D pour éliminer ce problème. *Koch (1985)* et *Whitcombe (1982)* utilisent la méthode de prise de vue appelée *(Shooting Method) (voir Julian and Gubbins, 1977, pour une discussion des méthodes du traceur de rai : Bending et Shooting)* pour effectuer un tracé de rai *(rai tracing)* exact à travers une région hétérogène 3D paramétré par des blocs de vitesse constante.

Etant donné que ces approches sont basées sur la théorie des rais, elles ne peuvent pas déterminer implicitement le temps de diffraction ou le trajet des rais. *Thomson et Gubbins (1982)* utilisent la méthode du *Bending* pour déterminer les rais à travers un modèle de vitesse continue interpolé à partir d'une grille de points de vitesse. Leurs méthode permet de simuler les diffractions et permet également de calculer l'amplitude des anomalies sur la base d'une propagation géométrique.

Dans notre étude nous présentons une nouvelle méthode pour déterminer le temps minimum du trajet du rai à partir d'un front d'onde plan en profondeur à un récepteur à la surface à travers une structure de vitesse hétérogène 3D. Notre approche utilise la stratégie de recherche du Simplex afin de minimiser l'intégrale du temps d'arrivé le long du trajet du rai.

Parce que la méthode du simplex peut chercher une grande variété de trajet des rais, ce dernier sera moins susceptible d'être piégé dans un minimum local qu'un algorithme basé sur la méthode du *Bending*. Le trajet du rai est décrit comme une somme de sinusoïdes de manière analogue a une série de Fourier.

Notre traceur de rai est une modification de l'algorithme du traceur de rai 3D *(3D ray tracing)* en deux points de *Prothero et al. (1988)*. L'algorithme applique le principe de *Fermat*, qui énonce que tous les trajets des rais sont des trajets de temps stationnaire. Pour un rai de départ les amplitudes harmoniques sont systématiquement perturbées par l'algorithme Simplex *(Nelder and Mead, 1965)* jusqu'à ce que le temps de trajet minimum soit trouvé. Les avantages de cette approche sont que la méthode du simplexe ne diverge jamais et qu'aucune dérivée ne doit être calculée. Bien que cet algorithme peut converger vers un minimum local qui est un problème avec la quasi-totalité des procédures de minimisation, la probabilité que cela se produise est réduit parce que la technique du Simplex recherche un large éventail de forme de rais.

Pour perturbé le rai de départ et généré l'ensemble des trajets initiaux (appelé le simplex), *Prothero et al. (1988)* ajoutent des harmoniques sinusoïdales au rai de départ dans les deux directions vertical et horizontal. Ainsi le simplex est constitué de trois rais : le rai de départ, les rais horizontal et verticale déformés. En commençant avec la plus basse harmonique le rai est systématiquement perturbé en utilisant l'algorithme du simplex jusqu'à ce qu'un temps minimum soit trouvé.

Ce processus est répété successivement pour des harmoniques de plus en plus élevé jusqu'à ce que le nombre souhaité d'harmonique soit atteint.

Tant que l'amplitude d'une harmonique particulière n'est pas optimum après que les harmoniques soient ajoutés, multiples balayages *(Sweep)* via la suite d'harmoniques sont effectués. Pour chaque balayage successive le meilleur précèdent rai est utilisé comme le rai de départ et l'amplitude harmonique de départ est réduite par un facteur de 4. La vitesse est définie en un ordre 3D de point nodales et interpolée avec un gradient pseudo linéaire *(Thurber, 1983)*. Les temps d'arrivés sont calculées par intégration numérique le long du trajet du rai en utilisant la règle trapézoïdale.

Nous utilisons la structure de base du traceur de rai ci-dessus, mais nous modifions le rai de départ et le type d'harmoniques. Le rai désiré est le temps d'arrivé du trajet minimum entre un point arbitraire sur le front d'onde plan et un point fixe sur la surface. Pour le rai de départ nous utilisons la ligne droite qui est perpendiculaire au front d'onde et coupe la surface à l'emplacement du récepteur choisi. Comme avant, le rai initial est perturbé en ajoutant une série de distorsions harmoniques au trajet du rai avec des déplacements perpendiculaires dans le plan horizontale et verticale. Cependant au lieu d'utiliser des demi-périodes sinusoïdales *(θ= π, 2π, 3π ...)* comme dans Prothero et al. (1988), nous utilisons des demis périodes sinusoïdales impaires *(θ = π/2, 3π/2, 5π/2)* afin qu'il y'ait un déplacement nul au point fixe de la surface mais un déplacement non nul sur le front d'onde *(Fig.40)*.

Les rais déformés restent toujours perpendiculaires à la surface du front d'onde parce que les dérivées de distorsions sont nulles à ce point. En utilisant ces distorsions la stratégie de recherche du simplex explore une grande variété de trajet de rai en différents endroits sur le front d'onde. Les distorsions verticales et horizontales *dv (n, i) et dh (n, i)* pour une harmonique *n* en un point *i* du rai sont de la forme :

dv (n, i) = [A$_v$ (n) / n] sin [(n-0.5) πdi/L],   n= 1, 2, 3...N

dh (n, i) = [A$_h$ (n) / n] sin [(n -0.5) πdi/L],   n= 1, 2, 3...N

Le front d'onde est défini pour *di=L* et le récepteur à *di=0*. Si il y'a des points *I* dans le rai de départ de longueur *L*, *d* est définie par *L/I*. comme dans *Prothero et al (1988)*, nous utilisons un maximum d'harmoniques *N=9* avec des amplitudes *Av(n) et Ah(n)* de *1km*.

La *Figure 40* montre la géométrie du rai de départ ainsi que les distordions de premier et de second ordre. Le nombre d'harmonique peut être modifié pour optimiser le code pour les différents types d'hétérogénéités. Des harmoniques supplémentaires peuvent être ajoutés pour plus de précision. Différentes amplitudes harmoniques peuvent être utilisées pour rechercher les positions des minima locaux. De très petites amplitudes *(<=0.5km)* peuvent être de nature à converger vers des minimas plus proches tandis que les plus grandes *(>4km)* peuvent convergées vers des minimas plus lointains.

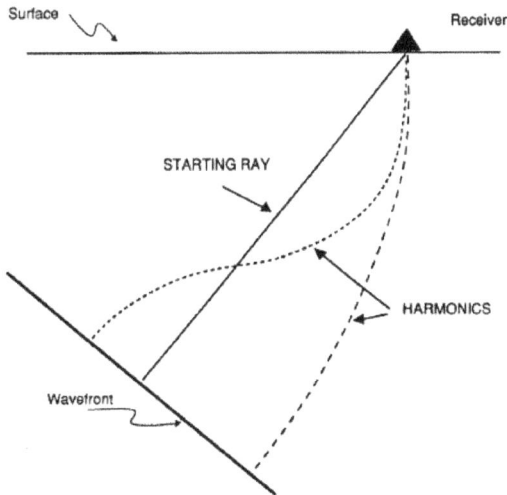

__Fig.40 :__ Le rai de départ (ligne droite) est montré avec la première et la deuxième harmonique. Les fonctions harmoniques ont un déplacement nul en un point récepteur de la surface, mais un déplacement non nul sur le front d'onde. Parce que les pentes des harmoniques sont nulle au front d'onde. Les rais déformés restent toujours perpendiculaire au front d'onde.

En enquêtant sur une série de valeurs pour $A_v(n)$ et $A_h(n)$, des minima globaux et locaux peuvent être identifiés. Pour les types de structures que nous étudions des amplitudes de *1 Km* localise le minima global.

Compte tenu d'un nombre fixe d'harmoniques, deux paramètres contrôlent l'exactitude du temps utilisé par le processeur CPU. Le premier est le critère de coupure *(Cutoff)* pour le simplex à chaque harmonique le deuxième est la valeur de tolérance pour chaque balayage (Sweep). Le simplex cutoff est basé sur la différence des temps d'arrivées entre le meilleur et le mauvais rai des trois rais dans le simplex. Si la différence est inférieure à une fraction de seconde, le code passe à l'harmonique suivante. Dans notre étude nous utilisons un *Cutoff* de *0.0001s*. Le *Sweep Cutoff* exige que l'amélioration en temps d'arrivée sur un sweep donné puisse être inférieure à une certaine valeur afin de terminer le processus. Si nous prenons comme exemple un modèle de vitesse à 3couches, la *(Fig.41)* montre une diminution du temps d'arrivés et une augmentation de l'utilisation du CPU qui sont tous les deux fonctions du nombre de sweep. Notez que l'amélioration notable cesse au de la de trois sweep ccci correspond à une *tolérance de Sweep* de 0.001. Dans notre étude nous utilisons une *tolérance de Sweep* de 0.001.

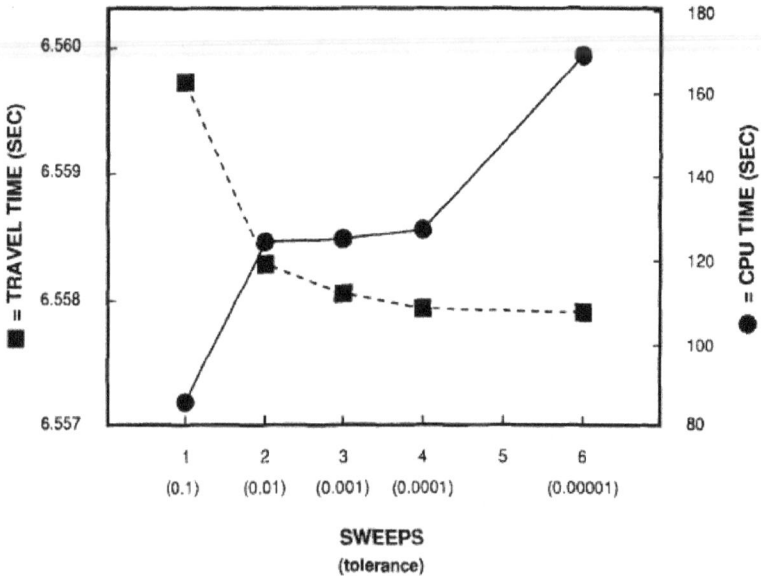

Fig.41 : Cette figure montre qu'une augmentation du Sweep au-delà de 3 implique que l'amélioration du temps d'arrivé devienne insignifiante pour un modèle de vitesse a trois couches donné.

Le 3D ray tracing présente trois grands avantages qui sont :

- ✓ La méthode converge toujours.

- ✓ Il peut être utilisé pour des modelés de diffractions.

- ✓ Il peut être utilisé pour identifier les minima locaux et globaux dans des structures de vitesse complexe continue à 3 dimensions.

B. Formule d'inversion :

La méthode essaie de trouver le meilleur modèle dans le sens des moindre carrées qui explique simultanément les données gravimétriques et les temps d'arrivés. En d'autres termes, nous essayons de minimiser la différence entre les données observées $(\vec{d})$ et calculées $(\vec{c})$. Afin de tenir compte de la différence de précision des données une matrice carrée diagonal de covariance C_d est définie, et la première expression à minimiser est alors :

$$\left(\vec{d} - \vec{c}\right)^{t} \cdot C_d^{-1} \cdot \left(\vec{d} - \vec{c}\right) \qquad (1)$$

Ou le symbole ^{t} désigne ici et ci-après la matrice de transformation.

Comme la plupart des problèmes géophysiques inverses, l'inversion conjointe est mal posée. Une partie des données peuvent être redondantes, et certains paramètres ne seront pas inversés *(généralement les nœuds de vitesse pas traversé par les rais sismiques)*. Pour régulariser ce problème, *Zeyen et Achauer (1997)* ont proposé trois méthodes différentes qui conduisent à des expressions supplémentaires pour être minimisé.

La première consiste à inclure des informations a priori dans le problème. Ce genre d'information peut être obtenu de deux manières. La connaissance de vitesse ou de densité dans certaines régions, résultant de précédentes étude géophysiques peuvent être inclus dans un modèle de départ $(\overrightarrow{P_0})$. Nous pouvons également mettre en place un paramètre de matrice de covariance C_P qui permettra des changements plus ou moins de la valeur du paramètre dans les itérations. Cette information a priori peut être exprimé comme l'équation suivante pour être réduite au minimum :

$$(\vec{p} - \vec{p_0})^{t} \cdot C_P^{-1} \cdot (\vec{p} - \vec{p_0}) \qquad (2)$$

Ou : $\vec{p}$ désigne le vecteur de paramètre *(par exemple la vitesse, le contraste de densité et les valeurs de B)* et $\overrightarrow{(P_0)}$ désigne la précédente valeur d'itération du vecteur de paramètre.

La relation entre la vitesse et la densité est également un moyen de régularisé le problème mal posé. Dans cette méthode le facteur B est un paramètre inconnu et est inversé de manière indépendante pour chaque couche. Cela permet de tenir compte de sa température et de sa dépendance avec la profondeur. Là encore, une matrice de covariance C_b est définie pour contrôler la quantité de variation du facteur B. Cette matrice carrée est diagonale, et le plus petit de ses éléments, la relation linéaire entre la vitesse et la densité. Cela conduit à l'expression suivante à minimiser :

$$\left(\Delta\vec{V} - \bar{B}\Delta\vec{\rho}\right)^t \cdot C_b^{-1} \cdot \left(\Delta\vec{V} - \bar{B}\Delta\vec{\rho}\right) \qquad (3)$$

Ou : $\overrightarrow{\Delta V}$, $\overrightarrow{\Delta \rho}$ et $\vec{B}$ sont les vecteurs de contraste de vitesse, de densité et des valeurs de B.

Dans notre inversion tous les blocs de densités sont inversés. Ainsi afin de ne pas mettre trop de signal dans les blocs gravimétriques sans information de vitesse, nous introduisons une contrainte de lissage. Pour cela nous utilisons des dérivées premières du paramètre $\Delta\vec{P}/\Delta R$ ou $\Delta\vec{P}$ représente la différence de paramètre entre les blocs adjacents et ΔR correspond à la distance entre ces blocs. Une matrice de covariance C_S est également introduite pour contrôler l'importance de cette condition par rapport aux autres. L'expression à minimiser est alors :

$$\left(\frac{\Delta p}{\Delta R}\right)^t \cdot C_s^{-1} \cdot \left(\frac{\Delta p}{\Delta R}\right) \qquad (4)$$

Nous en déduisons alors la somme de toutes les équations précédentes *(1)* à *(4)* pour trouver l'expression suivante à résoudre :

$$\vec{p} = \vec{p_0} + (A^t C_d^{-1} A + C_p^{-1} - C_b^{-1} D_b - C_s^{-1} D_s)^{-1}$$
$$\cdot (A^t C_d^{-1} (\vec{d} - \vec{c}) + C_b^{-1} \vec{b} + C_s^{-1} \vec{s}) \qquad (5)$$

Où : A^t est la matrice des dérivées partielles des données calculées $\vec{C}$ relative aux paramètres $\vec{p}$.

D_b et $\vec{b}$: sont respectivement la matrice et le vecteur lié à la relation densité-vitesse (*équation (3)*). D_b est une matrice symétrique avec différents blocs correspondant à des produits croisées entre la vitesse, la densité et les valeurs de B.

Le vecteur $\vec{b}$ correspond essentiellement à l'expression *(3)* $\Delta\vec{V}$-$\vec{B}$ $\Delta\vec{\rho}$. Leurs compositions détaillées sont données *par Zeyen et Achauer (1997)*. D_S et $\vec{S}$ sont respectivement la matrice et le vecteur qui correspond au contrôle de rugosité du modèle (*équation (4)*). Les éléments de D_s sont composés de la somme des distances entre les blocs adjacents et le vecteur s contient la différence entre les paramètres des blocs adjacents pondérés par leurs distances.

Comme indiqué dans l'équation *(5)*, on obtient une procédure itérative pour calculer le nouveau vecteur paramètre $\vec{p}$. L'organigramme de la (*Fig.42*) présente les différentes étapes de calcul.

Premièrement, nous calculons les temps d'arrivées et l'anomalie gravimétrique correspondant au modèle d'entré $\vec{p}_0$. Ensuite la différence entre les données mesurées et calculées est calculée. Si cette différence est inférieure à un seuil donné *(EPSI)* fixé par l'opérateur, le processus s'arrête et donne les modèles finaux de densité et de vitesse. Dans le cas contraire la différence entre les données calculées et observées est utilisée pour calculer un nouvel ensemble de paramètres (*selon l'équation (5)*). Si le nombre d'itérations est atteint, le processus donne les modèles de vitesse et densité résultant avec les valeurs de B pour chaque couche du modèle.

Dans le cas contraire le programme entame un nouveau cycle à travers l'ensemble du processus et prends les modèles résultants et les valeurs de B pour un calcul directe des temps d'arrivés et de l'anomalie gravimétrique. A la fin des itérations, la matrice de résolution est calculée suivant l'expression suivante :

$$R = \left(A^t C_d^{-1} A + C_p^{-1} - C_b^{-1} D_b - C_s^{-1} D_s \right)^{-1} A^t C_d^{-1} A \quad (6)$$

Et elle permet de lier le modèle vrai de la terre à la solution que nous avons. Les parties de densité et de vitesse de la matrice résolution sont séparés.

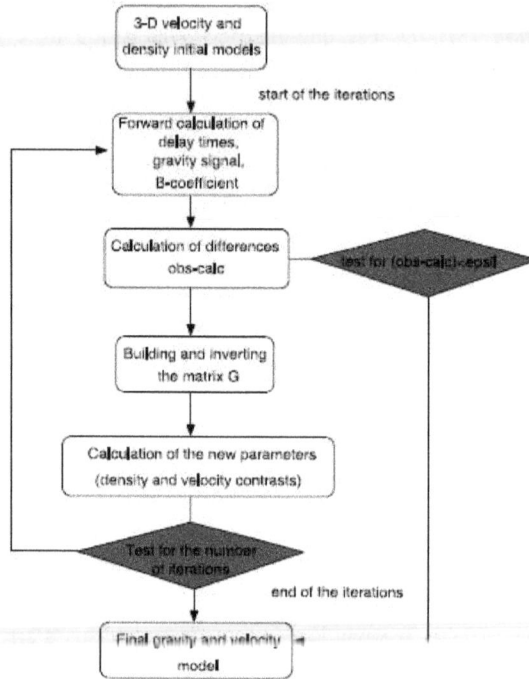

Fig.42: *Organigramme de la procédure d'inversion conjointe. La matrice G fait référence à ce qui est entre parenthèse dans l'équation (5) et EPSI est un seuil fixé par l'utilisateur pour arrêter les itérations.*

C. Principaux paramètres utilisés :

Les nœuds de vitesse sont inversés si plus de 1 rais passent dans leurs voisinages. Les modèles de vitesse et de densité de départ ont été contraints par les récents résultats d'analyse des temps d'arrivés et de gravimétrie (*Fig.43*).

Nous avons effectué plusieurs tests pour obtenir finalement le modèle préféré.

Nous avons testé différents paramètres (lissage, écart-type, paramétrage des nœuds, la longueur et la largeur du modèle, etc.). Pour notre étude nous avons choisi un modèle composé de *21*13* nœuds et *21*13* blocs, répartis dans chacune des *5* couches de la surface jusqu'à une profondeur de *12 Km*.

L'espacement entre les nœuds de vitesse est de *6 Km* dans la direction *EW* et *NS*. La largeur des blocs de densité est de *6 Km* dans les directions *EW* et *NS*.

Les profondeurs des coches sont respectivement *0, 3, 6, 9, et 12 Km*. Comme les valeurs de *B* initiaux sont souvent pris entre *2* et *5 Kms^{-1}g^{-1}cm^3 [par exemple : Abers 1994, Tiberi et al (2001)]*, nous avons choisis une valeur moyenne *B* d'environs *3 Kms^{-1}g^{-1}cm^3* **(Fig.43)** avec un écart type (*standard deviation*) de *0.1 Kms^{-1}g^{-1}cm^3*.

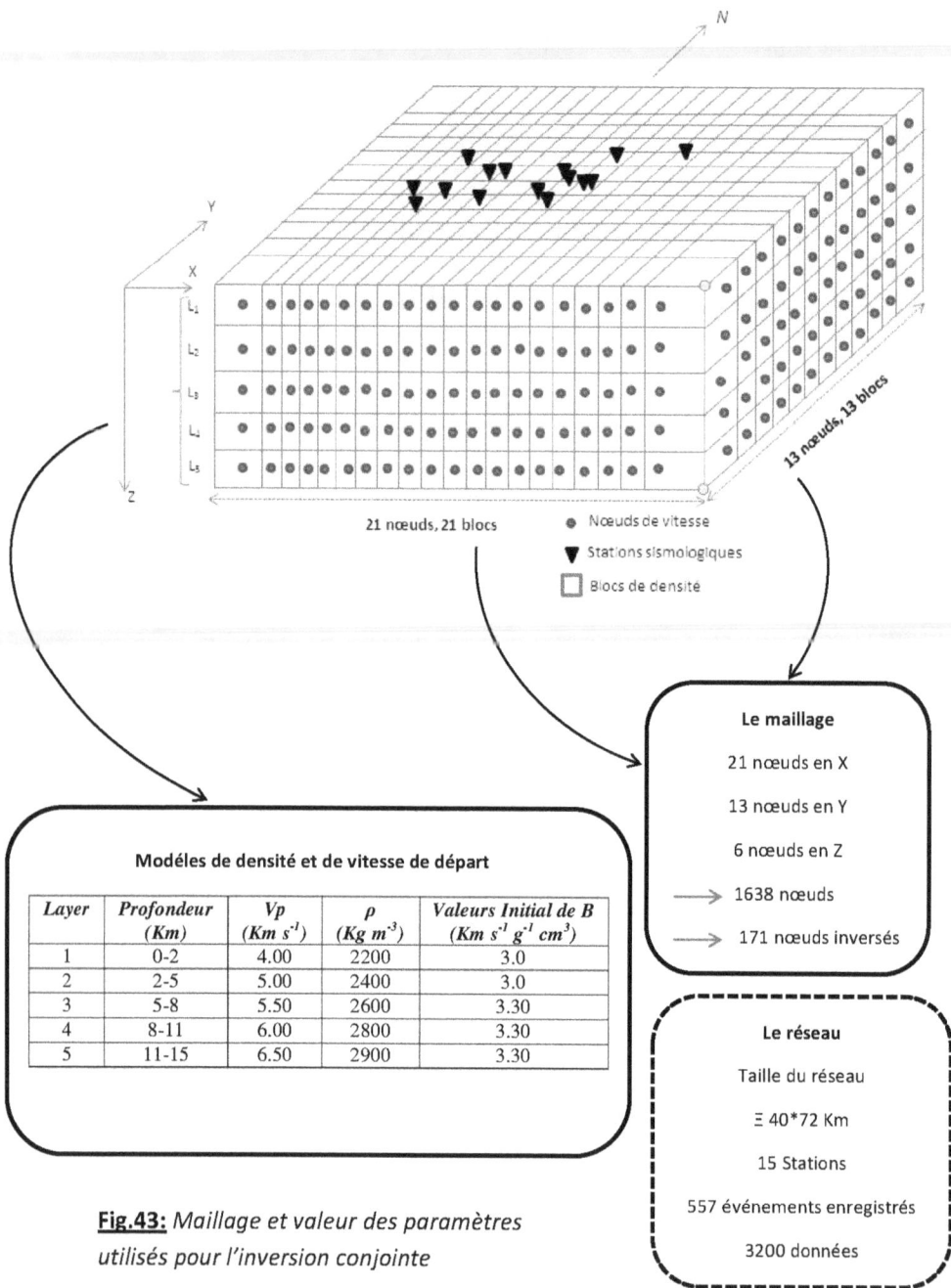

Modéles de densité et de vitesse de départ

Layer	Profondeur (Km)	Vp (Km s^{-1})	ρ (Kg m^{-3})	Valeurs Initial de B (Km s^{-1} g^{-1} cm^3)
1	0-2	4.00	2200	3.0
2	2-5	5.00	2400	3.0
3	5-8	5.50	2600	3.30
4	8-11	6.00	2800	3.30
5	11-15	6.50	2900	3.30

Le maillage

21 nœuds en X

13 nœuds en Y

6 nœuds en Z

→ 1638 nœuds

→ 171 nœuds inversés

Le réseau

Taille du réseau

Ξ 40*72 Km

15 Stations

557 événements enregistrés

3200 données

Fig.43: *Maillage et valeur des paramètres utilisés pour l'inversion conjointe*

On fixe le nombre maximum d'itérations à 4. Nous commençons le processus d'inversion avec des couches de vitesse et de densité homogènes. Les écarts types (*standard deviation*) de données ont été fixé à *3 mgal* et *0.1 s* respectivement pour les données gravimétriques et les temps d'arrivés. Nous avons choisi une erreur standard (*standard error*) constante de *0.05 Kms⁻¹* pour la vitesse et une erreur standard de *300 Kgm⁻³* pour la densité.

L'écart type reste constant pour les paramètres afin de prendre en compte le manque d'information a priori en profondeur pour la région. Dans notre cas nous avons préféré privilégier un modèle homogène. Les grilles de densité et de vitesse sont plus larges que le domaine de couverture des données gravimétriques et sismologiques pour se débarrasser des effets de bords possibles.

Nous avons fixé la contrainte de lissage à *0.01* pour la densité et la vitesse, de sorte que la convergence entre les itérations soit toujours respectée.

III. Résultats :

Nous estimons la stabilité et la robustesse de l'inversion en vérifiant diverse critères. Tout d'abord, la bonne convergence de l'inversion est estimée à partir de la diminution de la valeur du RMS. Dans notre cas, le RMS diminue de plus de *80%* pour les données gravimétriques et environ *46%* pour cent pour les temps d'arrivés, ce qui est satisfaisant.

Les variations de densité et de vitesse finale varient entre *-0,12* et *+0,14 gcm⁻³* et *-10* et *+10* pour cent, respectivement, indiquant des valeurs assez raisonnables

Les modèles de vitesse et de densité résultants sont montrés sur la *(Fig.44 et Fig.45)*. Il est intéressent de noter ici que le contraste de densité et les variations de vitesse ont été calculés dans chaque couche par rapport à une valeur de référence de moyenne nulle. Donc on ne peut comparer directement les variations entre deux couches différentes. Ainsi les variations de vitesse et de densité reflètent principalement la topographie des interfaces de densité et de vitesse. Les modèles présentés dans la *(Fig.44 et Fig.45)* résultent de 4 itérations. La diminution du *RMS* est de *85%* et *46%* respectivement pour les données gravimétriques et les temps d'arrivés **(Fig.46)**.

L'évolution du facteur *B* au cours des itérations est représentée sur la *(Fig.47)* et la corrélation entre la vitesse et la densité est de plus de *60%* pour les différentes couches *(Fig.48)*.

A. Test de la contrainte de lissage : Smooth

Un test a été réalisé pour évaluer l'effet de la contrainte de lissage. Comme prévu la baisse du RMS est plus élevée pour une contrainte de lissage faible. Généralement la forme et la longueur d'onde des perturbations de vitesse et de densité résultantes ne change pas même avec une augmentation drastique ou la diminution de la contrainte de lissage. Seule l'amplitude des perturbations est modifiée.

En choisissant une contrainte de lissage de 0.01 cela permet d'avoir une densité et une vitesse plus réaliste.

B. Test du facteur B :

L'ajout du facteur *B* comme un paramètre dans l'inversion le rend moins stable. Lorsqu'on laisse *B* varié plus librement (haut écart type) l'inversion converge forcément et des valeurs irréaliste pour les paramètres peuvent apparaître. Même si cette methode permet d'inverser le facteur *B*, ce paramètre doit en quelque sorte être contraint de permettre une bonne convergence des résultats. La linéarité observée entre les anomalies gravimétriques et temps d'arrivées justifie clairement l'utilisation d'un facteur *B* qui ne varie pas trop avec la profondeur et latéralement.

Nous avons testé plusieurs valeurs de *B*. pour des grandes valeurs (*5 et 50*) la diminution du *RMS* est moindre que pour *B=3*, indicative d'une solution moins favorable.

Pour des valeurs inferieurs (*1et 2*) bien que la diminution du *RMS* et un peu mieux le coefficient de corrélation entre la vitesse et la densité pour les couches *1* et *2* sont faible ainsi nous avons choisi une valeur de *B =3* qui donne en même temps une assez diminution du *RMS* et un bon coefficient de corrélation.

Même si la détermination de ce paramètre ne peut être parfaitement définie et nécessite un contrôle subjectif de la valeur initiale, la tendance observée pour le facteur *B* par le biais d'itérations est cependant une information supplémentaire.

En effet la baisse du facteur B dans les deux premières couches est en bon accord avec les études pour les roches de la croute et des sédiments *[par exemple Nafe et Drake, 1957]* qui ont proposé de petites valeurs de *B* pour ces types de roches.

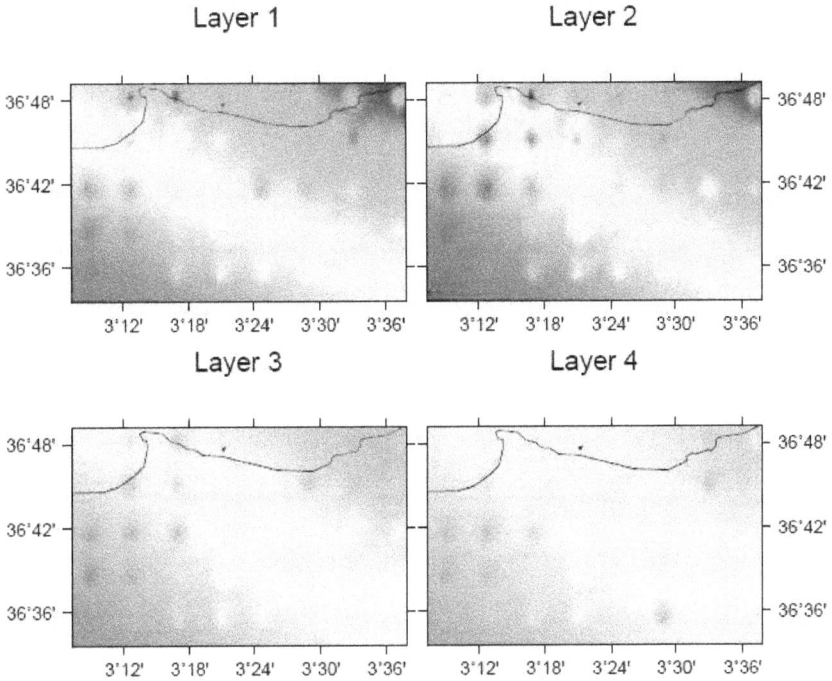

Layer 5

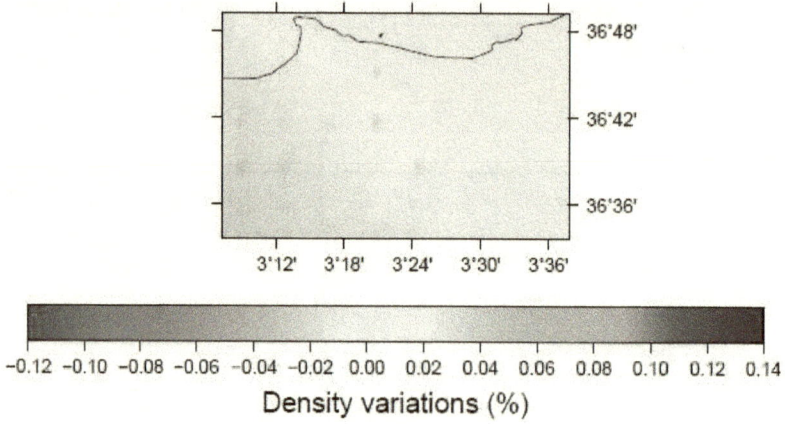

Density variations (%)

Fig.44 : *Modèles de densité pour différentes couches obtenu par inversion conjointe.*

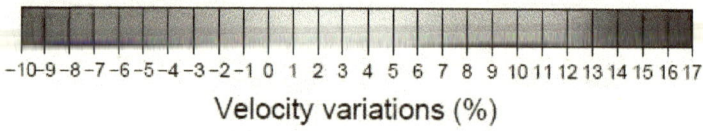

Velocity variations (%)

Layer 5

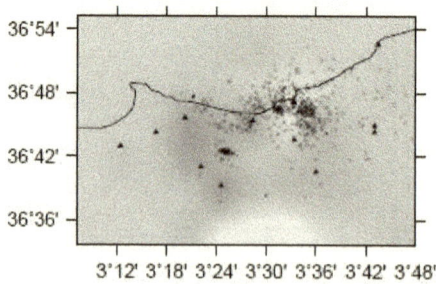

Layer 4

Layer 3

Layer 1

Layer 2

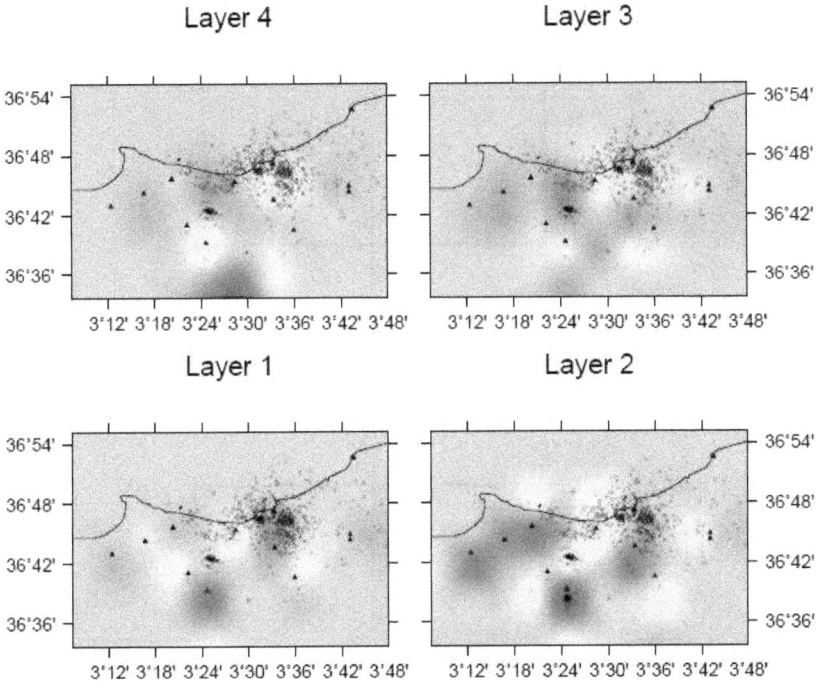

__Fig.45 :__ Modèles de vitesse pour différentes couches obtenu par inversion conjointe.

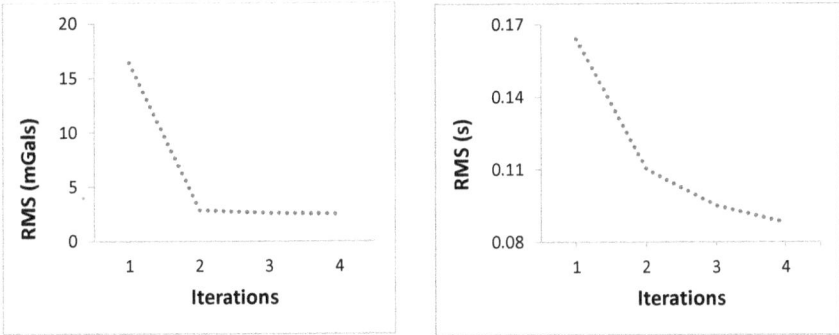

__Fig.46 :__ Variation du RMS en fonction des itérations pour les temps d'arrivés et l'anomalie de Bouguer.

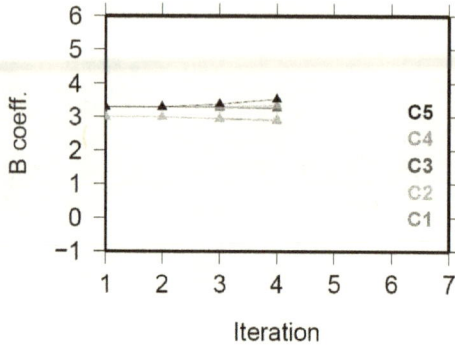

Fig.47: *Evolution du facteur linéaire B reliant la vitesse à la densité $\Delta V_P = B$*
$\Delta\rho$ en fonction du nombre d'itérations.

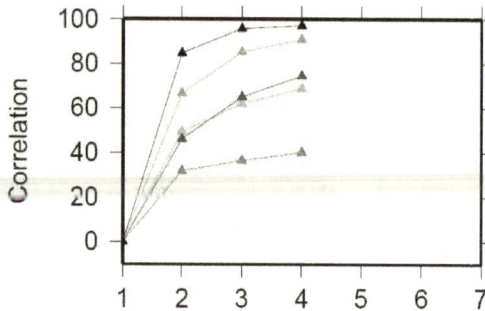

Fig.48: *Evolution de la corrélation entre le contraste de vitesse et de densité en*
fonction du nombre d'itérations.

Dans notre inversion les anomalies gravimétriques sont les plus adaptés pour tenir compte des éléments superficiels que ceux en profondeur. L'anomalie gravimétrique calculée à partir du modèle de densité (***Fig.49***) montre de petites différences de courte longueur d'onde ce qui reflète un bon accord entre le modèle et les données. Les résidus de courte longueur d'onde (***Fig.50***) sont directement liés à la taille grossière de notre grille.

Calculated Anomaly

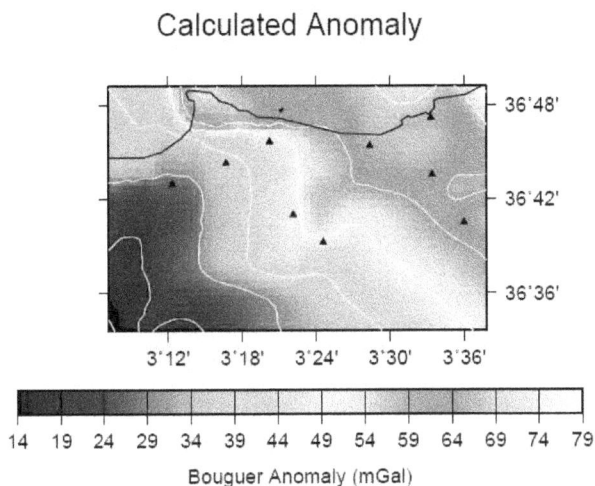

Bouguer Anomaly (mGal)

Fig.49 : Anomalie de Bouguer calculée à partir du modèle de densité.

Observed — Calculated

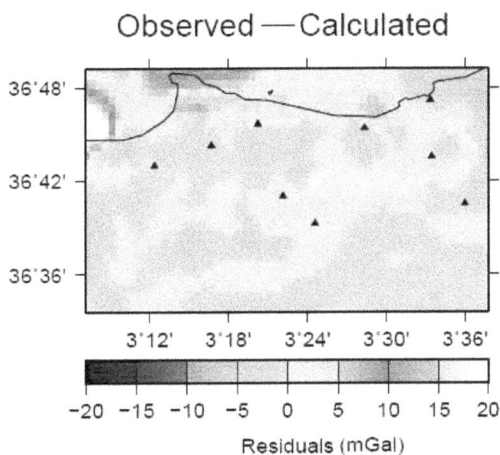

Residuals (mGal)

Fig.50: Différence (Résidu) entre l'anomalie de Bouguer calculée et observée.

Les éléments diagonaux de la matrice de résolution sont représentés dans les (*Fig.51 et Fig.52)* pour les deux modèles de densité et de vitesse. Le terme de résolution est assez élevé dans les couches superficielles pour la densité et diminue rapidement pour des couches les plus profondes.

La résolution de vitesse augmente avec la profondeur à partir des bords vers le centre du modèle. Plus on est en profondeur plus les rais croisent plus la résolution est bonne. Néanmoins la 2ème couche présente une bonne résolution grâce à la contrainte gravimétrique.

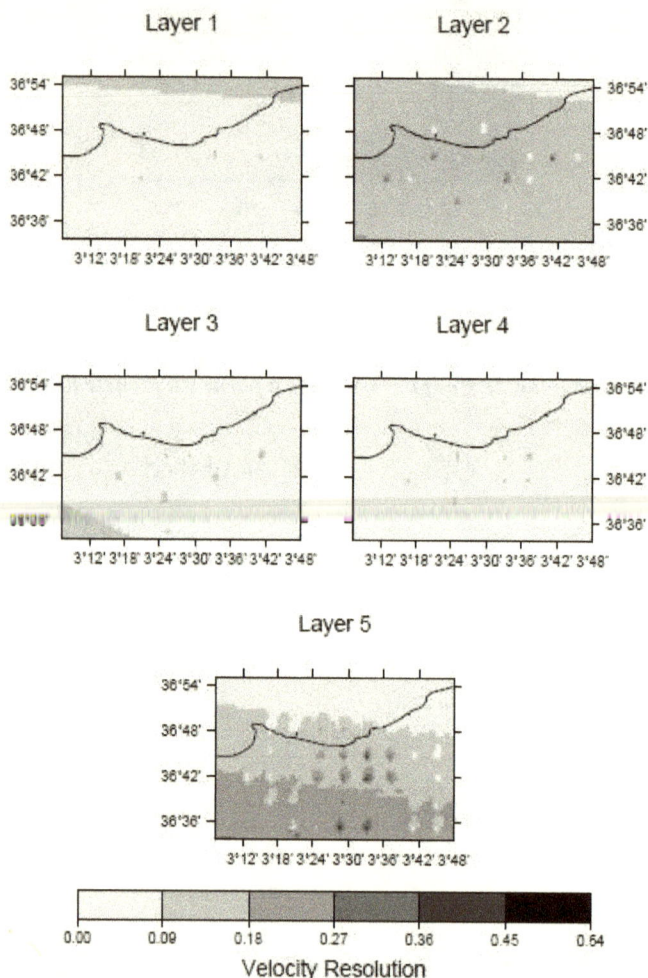

Fig.51: Représentation de la résolution pour les différentes couches du modèle de densité.

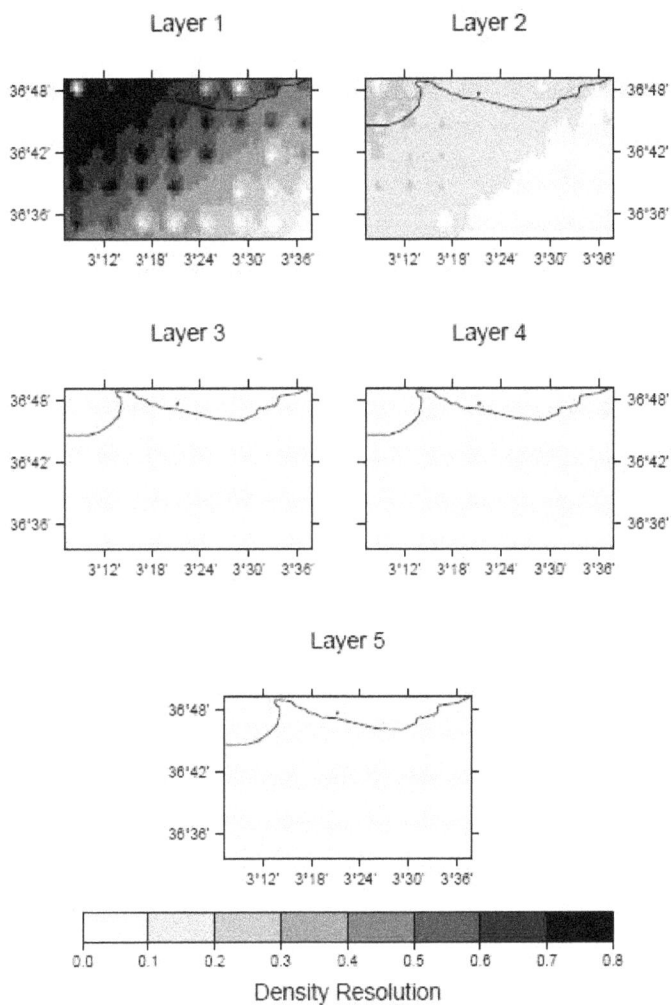

Fig.52 : *Représentation de la résolution pour les différentes couches du modèle de vitesse.*

Conclusion

Les résultats obtenus par exploitation des données combinées de sismologies et de gravimétrie montrent une concordance des structures profondes au sud-ouest de la zone épicentrale ainsi qu'à l'ouest de cette zone. Toutefois la carte des anomalies de Bouguer suggère la présence de structures cassantes surtout dans la partie nord orientale de la zone d'étude.

Bibliographie :

Abtout A., Boudella A. and Al., 2001. Campagne gravimétrique CG6, Tunisie, Office National des mines.

Abtout A., Boudella A. and Al., 2005. Campagne gravimétrique CG7, Tunisie, Office National des mines.

Ayadi A, Maouche S, Harbi A, Meghraoui M (2003) Strong Algerian earthquake strikes near capital city.Eos Trans AGU 84:561–568

Ayadi A, Dorbath C, Ousadou F, Maouche S, Chikh M, Bounif MA, Meghraoui M (2008) Zemmouri earthquake rupture zone (Mw 6.8,Algeria): Aftershocks sequence relocation and 3D velocity model. J Geophys Res 113:B09301. doi:10.1029/2007JB005257

Benameur.H (2011), Cartographie gravimétrique de la région de Zemmouri. Thèse de magister (en préparation), USTHB Alger.

Boudiaf, A., 1996, Etude sismotectonique de la région d'Alger et de la Kabylie (Algérie):Utilisation des modèles numériques de terrain (MNT) et de la télédétection pour la reconnaissance des structures tectoniques actives: contribution à l'évaluation de l'aléa sismique. Thèse de doctorat, 274 pp., Université de Montpellier II.

Boudella.A (1989), Etude gravimétrique des hauts plateaux Sétifiens. Thèse de Magister, IST-USTHB, Alger.

Bouhadad.Y and al.,2004. Sismotéctonique de la région d'Alger-Boumerdes (Algerie) : le séisme du 21 mai 2003 (Mw=6.8).

Bounif M.A ,.2006, caracterisation de la faille qui a engendre le seisme de boumerdes a partir des donnees sismometriques et accelerometriques , Rapport N°3 , Investigation en tomographies sismiques.

BOUNIF, M.A. DORBATH, C.(1998) - Three dimensional velocity structure and relocated afterschoks for the Constantine, Algeria (Ms=5.9) earthquake. Annali di geofisica, vol.41, N.1, April 1998, pp. 93-104.

Bounif.M.A (1990), Etude sismotectonique en Algerie du nord : contribution à l'étude d'un tronçon de la chaine tellien à partir des répliques du séisme de Constantine du 27 Octobre 1985. Thèse de Magister, IST-USTHB, Alger.

Bounif M.A., Boudella A. et Lallami A.C., 2008: Application de la méthode gravimétrique à l'étude de structures potentielles dans la partie sud occidentale du Sahara algérien, the 4th International Conference on the Geology of the Tethys, Cairo University, 18-21 November 2008, Egypt.

Bounif, A and al. (2003). Seismic source study of the 1989, October 29, Chenoua (Algeria) earthquake from aftershocks, broad-band and strong motion records, Ann. Geophys., 46(4), 625-646.

Bounif, A and al. (2004). The 21 May 2003 Zemmouri (Algeria) earthquake Mw=6.8 : Relocation and aftershocks sequence analysis, Goephys. RES. Lett., 31.

CHIKH.M (2011). Etude du séisme de Zemmouri dans le contexte de la sismicité de la région d'Alger. Thèse de Magister (en préparation), USTHB, ALGER.

Cherlgul.A and al.,2004. Contexte géologique et structural de la région Est algéroise (Algérie) affectée par le séisme du 21 Mai 2003.

C. Tiberi, and al. (2003), Deep structure of the Baikal rift zone revealed by joint inversion of gravity and seismology, journal of geophysical research, vol. 108, no. b3, 2133, doi:10.1029/2002jb001880, 2003.

C. Tiberi, and al. (2008), Asthenospheric imprints on the lithosphere in Central Mongolia and Southern Siberia from a joint inversion of gravity and seismology (MOBAL experiment), *Geophys. J. Int.* (2008) 175, 1283-1297, doi: 10.1111/j.1365-246X.2008.03947.x.

Hamai.L (2011). Etude gravimétrique de la Mitidja occidentale. Thèse de Magister, FSTGAT-USTHB, Alger.

Jordan, M. & Achauer, U., 1999. A new method for the 3-D joint inversion of teleseismic delaytimes and Bouguer gravity data with application to the French Massif Central, *EOS, Trans. Am. geophys. Un. (Fall Meet.Suppl.)*, 80(46), F696.

KAFI.W (2011). Analyse par multiplets de la microsismicité. Application aux répliques du séisme de Zemmouri (du 21 mai 2003, M=6.8). Thèse de Magister (en préparation), USTHB, ALGER.

Meghraoui,M.,1988. Géologie des zones sismiques du Nord de l'Algerie, paléosismologie, tectonique active et synthèse sismotectonique, thèse doct. ES sciences, Paris.

Meghraoui M, Maouche S, Chemaa B, Cakir Z, Aoudia A, Harbi A, Alasset PJ, Ayadi A, Bouhadad Y, Benhamouda F (2004) Coastal uplift and thrust faulting associated with the Mw = 6.8 Zemmouri (Algeria) earthquake of 21 May, 2003. Geophys Res Lett 31:L19605. doi:10.1029/2004GL020466

Maouche, S.,2002. Etude sismotectonique de l'algérois et des zones limitrophes de Cherchell-Gouraya. Th. Magister, USTHB, Alger.

Ouyed .M and al.,2010, Attempt to identify seismic sources in the eastern Mitidja basin using gravity data and aftershock sequence of the Boumerdes (May 21, 2003; Algeria) earthquake.

pointu.a.,2007. les mouvements verticaux de la marge passive nord du golfe d'aden (dhofar) : causes profondes et superficielles, docteur de l'universite paris vi

Saadallah,A.,1981. Le massif cristallophyllien d'El Djazair (Algerie). Evolution des Maghrébides. Thèse 3ème cycle Alger.

Saadallah,A.,1984. Tectonique globale et active en Algerie alpine et septentrional : facteurs déterminants pour une approche de la définition de l'aléa sismique, actes de conférence internationales sur la microzonation sismique, tome II, 10-12 Octobre, pp. 121-135.

Samai S. (2007). Etude gravimétrique de la Mitidja orientale. Thèse de Magister, IST- USTHB, Alger.

Steck, L. & Prothero, W., 1991. A 3-D raytracer for teleseismic body-wave arrival times, *Bull. seism. Soc. Am.*, 81, 1332–1339.

Thurber, C., 1983. Earthquake locations and three-dimensional crustal structure in the Coyote Lake Area. central California, *J. geophys. Res.*, 88, 8226–8236.

Tiberi, C., Diament, M., D´everch`ere, J., Petit-Mariani, C., Mikhailov, V., Tikhotsky, S. & Achauer, U., 2003. Deep structure of the Baikal rift zone revealed by joint inversion of gravity and seismology, *J. geophys. Res.*, 108, doi:10.1029/2002JB001880.

Vernant.P and al.,2002,Sequential inversion of local earthquake traveltimes and gravity anomaly—the example of the western Alps. Geophys. J. Int. (2002) 150, 79–90.

Zeyen, H. & Achauer, U., 1997. Joint inversion of teleseismic delay times and gravity anomaly data for regional structures: theory and synthetic examples, in *NATOScience Series, Partnership Subseries 1, Disarmament Technologies,* 17, 155–168.C _2002.

Zeyen, H., and U. Achauer, Joint inversion of teleseismic delay times and gravity anomaly data for regional structures: Theory and synthetic examples, in Upper Mantle Heterogeneities From Active and Passive Seismology, NATO Workshop, edited by K. Fuchs, pp. 155– 168, Kluwer Acad., Norwell, Mass., 1997.

www.ingramcontent.com/pod-product-compliance
Lightning Source LLC
Chambersburg PA
CBHW021118210326
41598CB00017B/1496